丝路之光

2023 敦煌服饰文化论文集

刘元风◎主编

丝路之光

2023敦煌服饰文化论文集

The Light of Silk Road
The Essay Collection of
Dunhuang Costume Culture 2023

国家社科基金艺术学重大项目『中华民族服饰文化研究』
国家社科基金艺术学项目『敦煌历代服饰文化研究』

中国纺织出版社有限公司

内 容 提 要

本书是敦煌服饰文化研究前沿成果和学术动态的集中展示，分为上、下两编。上编收录了敦煌服饰文化研究暨创新设计中心主办的"第五届敦煌服饰文化论坛"和系列学术讲座所邀八位专家的发言文稿，以及相关研究人员的两篇学术论文。下编收录了"云衣霓裳：敦煌唐代服饰文化暨创新设计展"和"第五届敦煌服饰文化论坛"所邀四位专家学者及领导的致辞发言。本书适用于服装专业师生学习参考，也可供敦煌服饰文化爱好者阅读收藏。

图书在版编目（CIP）数据

丝路之光 . 2023 敦煌服饰文化论文集 / 刘元风主编 . -- 北京：中国纺织出版社有限公司，2023.10
ISBN 978-7-5229-0909-7

Ⅰ . ①丝… Ⅱ . ①刘… Ⅲ . ①敦煌学 — 服饰文化 — 文集 Ⅳ . ①TS941.12-53 ②K870.6-53

中国国家版本馆 CIP 数据核字（2023）第 164049 号

SILU ZHI GUANG 2023 DUNHUANG FUSHI WENHUA LUNWENJI

责任编辑：孙成成 施 琦 责任校对：寇晨晨
责任印制：王艳丽

中国纺织出版社有限公司出版发行
地址：北京市朝阳区百子湾东里 A407 号楼 邮政编码：100124
销售电话：010—67004422 传真：010—87155801
http://www.c-textilep.com
中国纺织出版社天猫旗舰店
官方微博 http://weibo.com/2119887771
北京华联印刷有限公司印刷 各地新华书店经销
2023 年 10 月第 1 版第 1 次印刷
开本：889×1194 1/16 印张：12.25
字数：212 千字 定价：198.00 元

前 言

　　从2018年6月在北京服装学院挂牌算起，敦煌服饰文化研究暨创新设计中心（下文简称"中心"）已经成立五周年了。这五年来，在社会各界的关注和支持下，中心一直秉承成立宗旨，在敦煌服饰文化艺术保护研究、文化传承、创新设计、人才培养与交流、社会传播、成果转化等方面发力并取得了一定成绩。社会各界对于这些成绩的积极反馈，更坚定了中心所执着的学术道路，并激励我们在未来更加努力践行传承和发展的理念。

　　在过去的一年里，同样有许多值得记录的节点。2021年，中心正式推出了《敦煌服饰文化图典》系列丛书的第一本"初唐卷"，收获了许多有价值的肯定和建设性的意见。今年2月，此书荣获了中国纺织工业联合会颁发的"2022年度部委级优秀出版物一等奖"。近一年多来，中心成员继续坚持实地考察和临摹实践相结合，基本完成了《敦煌服饰文化图典》"盛唐卷"上、下两册和"中唐卷""晚唐卷"的图文编纂工作，并以此申报了国家出版基金。在2023年4月27日国家出版基金规划管理办公室发布的《2023年度国家出版基金资助项目评审结果公告》中，这三卷书稿忝列其中。这是对中心团队研究工作的鼓励和肯定，也是激励和鞭策，必将促使团队再接再厉，把这套丛书绘制好、编辑好、出版好。

　　中心一直积极致力于优秀学术成果的社会推广，使其产生更大的资源效应，举办展览和论坛是其中非常重要的形式。2022年7月22日，中心联合敦煌研究院，在敦煌莫高窟的研究院展厅举办了"云衣霓裳：敦煌唐代服饰文化暨创新设计展"，并持续至9月26日。展览开幕式上，有中国敦煌吐鲁番学会、中国文化遗产研究院、北京大学、南京师范大学、清华大学美术学院、北京理工大学、北京皇锦品牌等多家院校单位的专家莅临指导，同时还有主办方敦煌研究院和北京服装学院的多位领导和师生们参与。此次展览举办期间恰逢暑假假期，展场接待了数以万计的来自全国各地的游客朋友们。同时，考虑到展期限制及疫情影响，此次展览还推出线上形式，通过360°全景采集手段全面展示展览的精彩内容，为不能到现场参观的外地院校师生、设计师及广大敦煌文化艺术的爱好者们提供便利。

　　展览开幕式当天还成功举办了"第五届敦煌服饰文化论坛"，大家以现场和线

上的方式相聚在一起，听取了来自敦煌研究院、中国文化遗产研究院、北京大学等单位及院校的多位学者的精彩学术演讲。

为了吸引更多学者参与敦煌服饰文化研究和创新设计的实践，深入持久地将学术研究推向更高的层次，中心还继续以线上形式举办高质量的学术讲座，现在已经是第二十三期，每一期都邀请到敦煌学、考古学、文物保护方面的专家学者分享研究成果，受到社会各界越来越广泛的关注。同时，加强了学术研究指导下的设计创新工作，包括与故宫博物院合作进行文物复原与研究项目，与敦煌中小学开展校服设计方面的合作，期望以更具现代审美的产品回馈大众，以更富实效的成果服务社会。

以上成果将以不同形式全面呈现在本书中。根据论文内容和学术范畴的划分，本书分为上、下两编。上编收录了"第五届敦煌服饰文化论坛"和系列学术讲座所邀八位专家的发言文稿，主要从敦煌学、绘画史、服饰史、文物考古与保护等不同角度，对传统服饰文化、丝绸之路文物保护和敦煌艺术进行深入解读。此外，还收录了中心研究人员的两篇学术论文，围绕菩萨服饰和敦煌创新设计等主题，论述了服饰、图案等诸多方面所凝聚的中西方文化交流和设计转化成果。下编收录了"云衣霓裳：敦煌唐代服饰文化研究暨创新设计展"和"第五届敦煌服饰文化论坛"所邀四位专家学者及领导的致辞发言，他们对敦煌服饰文化研究的传承与创新，以及中心的既往工作给予了热情鼓励和殷切期望。

未来，中心将汲取经验、努力耕耘，在学术研究、创新设计、人才培养等方面，继续推出更多更好的成果。特别是基于扎实的学术研究，将敦煌传统文化艺术的经典元素与当代设计有机结合起来，让古典的敦煌服饰文化艺术走进新时代，服务社会生活。

北京服装学院　教授

2023 年 5 月

目录

上编

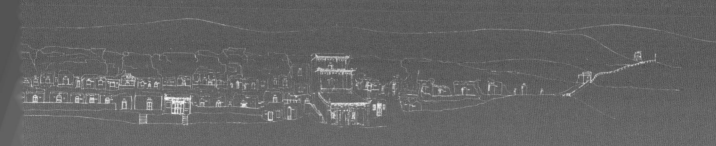

赵声良 / Zhao Shengliang

美术史学博士，敦煌研究院研究员、党委书记、敦煌研究院学术委员会主任委员，北京大学敦煌学研究中心合作主任，西北大学、西北师范大学、兰州大学、澳门科技大学博士生导师。

主要研究中国美术史、佛教美术。发表论文百余篇，出版学术著作二十余部，主要有《敦煌壁画风景研究》《飞天艺术——从印度到中国》《敦煌石窟美术史（十六国北朝）》《敦煌石窟艺术简史》等。

敦煌艺术与唐朝流行色

赵声良

我今年是第五次参加敦煌服饰文化论坛，在与各位老师的交流当中，我受到了很大的启发。记得我在上一次论坛讲的就是色彩的问题，最近几年我也特别关注敦煌艺术当中有关服装色彩、装饰的内容。

我最近越来越发现敦煌壁画当中包含着极其丰富的中国古代壁画色彩的成就，这个问题不仅仅是绘画的问题，还牵涉到那个年代的流行色，也就是对色彩的审美问题。我今天想给大家分享唐朝流行色的问题，主要针对唐朝前期洞窟色彩的应用，总结起来大概有四种风格。

一、旧痕新绿一般齐——传统氛围中的新气息

第一种风格用一句古诗来说就是"旧痕新绿一般齐"。唐朝初期的壁画色彩，在隋朝传统的基础上，逐渐孕育出一些新的内容，刚开始你会感到洞窟总的风格似乎仍然是隋朝那个传统，但是其中出现了一些新的气息，仿佛是初春的新绿。敦煌莫高窟第57、第322、第329、第331、第209等窟就体现了这样的新气息。

北朝至隋朝，洞窟的色彩较为普遍的是以土红为底色，统摄整窟的色调，成为装饰色彩的主旋律。到了隋朝，有相当多的洞窟就体现着以土红为主调的氛围，体现出热烈的精神。一进到洞窟，我们都会被这样厚重的色彩包围住，如在隋朝第401窟、第407窟中就可以感受到这样的氛围（图1）。

进入初唐时期，仍然有不少洞窟基本上保持着这样一个形态，如第322窟以千佛为主的墙面以土红色为底色。但同时有一些新的东西出现：不仅说法图的面积扩大了，里面的色彩也有了新元素。如窟内左右两侧壁说法图出现了不少明亮的青绿色调（图2），窟顶中间的藻井，中心部位以及边缘有一圈飞天，以蓝色为底色，类似石青色，当中增加了白色点缀，让石青色整体呈现出一种浅蓝色调，以表现天空，让人耳目一新，一种特别明亮的色彩风格出现了（图3）。藻井用的色调是石青色、白色，还有一些浅黄色，浅黄色的出现让整个洞窟的色彩氛围一下变得非常明亮，总体来说，洞窟在一个同色的基调上出现了一点新东西。

类似这样的结构，我们在初唐第329窟中也可以看到，窟顶四披大面积的土红色氛围特别强烈，包括龛内壁画都是这样一个非常热烈的红色调。龛内顶部佛传故事画中的

图1 图2
图3

图1 敦煌莫高窟隋朝第407窟

图2 敦煌莫高窟初唐第322窟

图3 敦煌莫高窟初唐第322窟-
窟顶

马和象呈现大块的枣红色（图4），包括飞天群体的整个身体也是如此。其中可能包含一些变色的因素，但是我想它们当初的色调倾向跟现在差异不会太大，所以整个洞窟是以红色为主的色彩氛围。但是又可以看到飞天的飘带、裙子出现了一些特别明亮的粉绿色、浅蓝色，提亮了总体色调。第329窟窟顶比第322窟窟顶的蓝色更加强烈。我们从史苇湘先生临摹复原的壁画中可以看出（图5），藻井的井心是在深蓝底色上画出的飞天，藻井四边与中心相呼应，画出的垂角纹也以蓝色为主。石青色是特别强烈、明亮的，尤其是在大面积土红色作底的情况下，更加突出了石青色、石绿色的亮度。这个洞窟面积比较大，两壁都出现了新的大型经变画。经变画总体上处于红色基调形成的氛围，但是其中的石青色、石绿色又显得特别明亮。南壁经变画当中主要用石青色表现水，混合了石绿色，所以整个青绿色调非常明显（图6）。北壁的经变画则突出天空的蓝色，所以石青偏深蓝的色调更加强烈。在这样一个红色调的气氛当中，出现了特别强烈的绿色、蓝色，仿佛是春天的新绿一样。初唐一部分洞窟中基本上流行这样一种做法，

图4　敦煌莫高窟初唐第329窟－
　　　龛顶

图5　敦煌莫高窟初唐第329
　　　窟－藻井（史苇湘先生临
　　　摹复原）

图6　敦煌莫高窟初唐第329窟－
　　　南壁

图4	图5
图6	

窟内的色彩体现出的就是一种非常清新宁静的风格。

二、缥缈霓裳飞碧空——青金石的极致

第二类风格，我们用一句古诗来说就是"缥缈霓裳飞碧空"，以天空的蓝色为底色，如敦煌莫高窟第321、第334、第340、第71等窟。

初唐第321窟比较独特，不同于以往洞窟整个的红色调，改以青绿色为主，且蓝色调特别强烈，强化了整个洞窟的氛围。洞窟壁画要表现天空、天国，特别是在龛内顶部，画家特别强调天空的蓝色，在大面积的蓝底色上表现佛、菩萨和天人：有的乘云遨游天空，有的凭栏俯视，近景远景组合成空灵的天国景象（图7、图8）。从隋朝到初唐，大量的洞窟以红色调为主，其中散布一些蓝色、绿色；到了第321窟，色彩的关系颠倒过来，青绿色成了主调，其中散布一些土红色、绿色、黄色，给人焕然一新的感觉。

 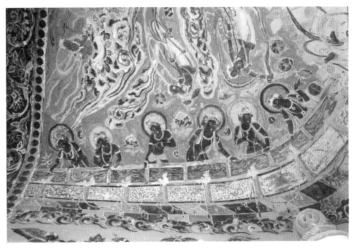

图7　敦煌莫高窟初唐第321窟

图8　敦煌莫高窟初唐第321窟－
　　　龛顶

图9　敦煌莫高窟初唐第321窟－
　　　北壁

图7	图8
图9	

第321窟北壁绘有观无量寿经变表现佛国世界（图9）。经变的上半部分利用大面积的石青色表现天空，这样的表现在莫高窟是非常突出的，一下子改变了色彩的风格。房屋建筑保留了大量的土红色，但并不是隋朝的那种红色调，而是向朱砂般的红色转化，与深蓝色相协调。放大之后看，感觉会特别明显，就像敦煌的天空一样特别宁静。我想也是画师们对敦煌的这样一种感觉——一个宁静的佛国世界，继而形成了这样一种色彩风格。

我们也可以在第334、第340窟中感受到这种用大面积深蓝色表现的风格，深蓝色里以石青色为主，可能包含很多青金石这种特别明亮的颜色，这在当时来说是非常突出的。

其实，在隋朝已有部分洞窟采用大面积的石青色来表现，比如第420、第419窟虽然已经大部分变黑了，我们依然可以看到画家使用石青色、石绿色是比较多的（图10）。但是总的来说，仍然是在红底色中画出的青绿色。只是经过千年的变化，大部分红色已

图10　敦煌莫高窟隋朝第420窟

变黑，今天呈现出的视觉效果是黑色与青绿色的搭配，应该跟当时的风格完全不同了。如果说隋朝第419窟、第420窟体现出的是在赭红底背景下与青绿重色的一种搭配，那么，初唐第321窟呈现出来的则是青绿色调为主导的天空与自然的境界，显然是一种明亮、新颖的时代特征。

三、青春鹦鹉，杨柳楼台——淡青绿的韵味

在初唐一些洞窟出现的新风格，以淡绿色调为主，辅以石青色，显示出一种明净、淡雅的韵味，彻底区别于隋朝的土红底色，用一句唐诗来说，就是"青春鹦鹉，杨柳楼台"。最典型的就是敦煌莫高窟第220、第332窟。

初唐第220窟建于贞观十六年，这个洞窟呈现出新的风格、新的气氛，出现了大型经变画，以比较淡的石绿色为主调，表现出仿佛是春天的青春气息（图11）。我们仔细观察其细部（图12），你会发现，为了协调这样一个壁面，以石绿为底色，菩萨头光画成了蓝色，甚至把莲花也画成蓝色。这在以前是没出现过的，从北朝到隋朝不会这么画，头光怎么会是蓝色的呢？莲花向来也是以红色、白色为主的，从来没有出现过蓝色的莲花。但是唐朝的画家非常大胆，非常有创造力，不去理会莲花本身是红的还是别的颜色，为了壁面色调的完整性，将整个佛国世界营造成一个富有春天气息的淡青绿色调的世界：菩萨、飞天的飘带以绿色为主调，有很多是浅蓝色的；莲花也往往变成蓝色的，水是绿色的，与蓝色协调起来，整个色彩气氛非常完整、协调、统一，表现一个充满青春气息的梦幻般的佛国世界。北壁画的药师经变也是如此（图13），整个壁面都是绿色调，比起南壁的经变多了一些红色调，但这主要是为了突出药师佛像和东方药师琉璃光世界的所谓琉璃的色彩。因此，七尊药师佛像的袈裟色彩是很厚重的、偏红色的，现在有变黑的、变成赭色的。壁画中其他的颜色都画得比较淡，呈现出"往后退"的观感，突出了佛像袈裟主体，整体上看还是青绿色彩的氛围。

古人对色彩的布局、画面整体感的把握是非常好的，所以画面中主次分明，空间关系也能够通过色彩体现出来。画面中有蓝色、绿色、土红色三种颜色，它们的深浅、亮度各有变化，但又相互关联、相互协调，呈现出和谐的美感。

从单个的菩萨像、佛像身上，我们也可以发现画家对色彩的处理，浅绿色、红色、蓝色、黄色之间的这种协调关系（图14），让我们感觉到一种富有青春活力、富有春天气息的风格特征。类似这样的色彩表现，我们在初唐第332窟中也可以看到。

图11　敦煌莫高窟初唐第220
窟－观无量寿经变

图12　敦煌莫高窟初唐第220窟－
观无量寿经变（局部）

图13　敦煌莫高窟初唐第220
窟－北壁－药师经变

图14　敦煌莫高窟初唐第220
窟－菩萨

| 图11 | 图12 |
| 图13 | 图14 |

对于莫高窟初唐第220窟，前人已有不少研究，从洞窟供养者的来历以及绘画风格来看，这个洞窟壁画样式由当时中原最新绘画风格传入，这一点也是学术界较为一致的看法。从色彩构成来看，同样也体现着一个时代新风格的形成。

四、千里莺啼绿映红——华丽典雅之风

经过从初唐到盛唐的发展，整个盛唐时期形成了一种较为流行的色彩风格，就是用强烈的绿色与红色对比体现出盛唐时期富丽堂皇而又典雅庄重的风格，我们用一句古诗来说就是"千里莺啼绿映红"。这种风格在盛唐很多洞窟中都可以找到，如敦煌莫高窟第217、第320、第23、第66、第148窟等。

盛唐第217窟就是一个非常典型的代表（图15）。画中红色、蓝色、绿色都非常强烈。在经变画中，以山水景物作背景，绿色差不多就是画面的底色。但在其他壁画，如

图15　敦煌莫高窟盛唐第217窟

千佛和图案中，往往会以粉色调、土红色等为底色。但由于画面中主体形象色彩极为丰富，已说不清哪个是主调，往往是多种颜色都很鲜明，对比非常清晰。第217窟藻井中的底色（红色）现在已变色，变得偏黑，近赭色（图16），如果将它还原，增强饱和度，我们会发现红色、蓝色、绿色都非常强烈，但是放在一起又非常协调统一。

在北壁的观无量寿经变画中（图17），绿色、红色的饱和度都很高，加上偏黑的石青色，三种强烈的颜色放到一起，有序组合，一点都不乱。可以说唐朝把对色彩的应用发挥到了极致，当时画家们用的颜料好多都是直接用原色，没有调和，直接用很明亮、很饱和的颜色填上去，比如这个建筑，把很强烈的红、蓝、绿色放到一起，整个画面非常灿烂华丽，彰显盛唐气象。

从色彩的构成看盛唐气象，其特点就在于强烈、隆重的色彩并列，它要体现的是一种华丽无比、庄严而辉煌的氛围。唐朝人追求绚烂、华美，颜色都用得非常饱和。盛唐绘画基本上是朝着这个方向发展的。虽说是多种色彩并重，但从第217窟南壁的经变画中就会发现，石绿色占据了主导地位（图18）。我想可能是因为唐朝青绿山水画的发展带来的影响，敦煌画师绘制时，发现石绿色非常易于统一画面，于是以青绿山水作底（图19），就很容易把色彩强烈的佛像、菩萨像以及各类场景组合在一起。

　　盛唐第320窟也是如此，藻井中多种强烈的颜色并列在一起。这也给了我们今天绘制图案很多启发，多种明亮的颜色组合在一起，会不会有冲突？其实它们是可以放在一起的，关键要看怎么组合。第320窟南壁的飞天颜色已经变黑，但是身上的红色与大面积的树的绿色都非常强烈，却又平衡得当（图20）。

　　第320窟北壁的经变画也是蓝色、绿色、红色三种饱和的颜色并列，尽管变黑了，我们还是可以感受到其色彩的强烈。尤其在山水画中，红色特别强烈，青绿山水就是要

图 16 敦煌莫高窟盛唐第217窟－
窟顶－藻井

图 17 敦煌莫高窟盛唐第217窟－
北壁－观无量寿经变

图 18 敦煌莫高窟盛唐第217窟－
南壁－经变画

图 19 敦煌莫高窟盛唐第217窟－
南壁

图 20 敦煌莫高窟盛唐第320窟－
南壁

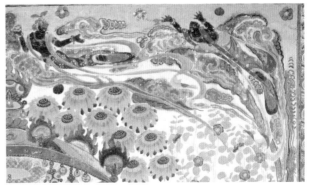

用特别强烈的颜色让我们感受到华丽灿烂的美（图21），可惜这一点在宋朝以后的山水画中失传了。

盛唐第148窟是一个涅槃窟，窟中塑出长达16米的涅槃佛像。其主题是涅槃，中心的壁画就是涅槃经变，这幅经变从南壁到西壁、北壁，所占壁面很大，基本上也是用石绿色为底来统摄全画的，其中的色彩构成非常丰富而强烈，故事情节都分布在广阔的山水空间里，青绿色的山水自然就成为全部画面的背景。但在其中如城郭、宫殿等画面上，不免会有大面积的土红色、赭石色、石青色等颜色出现（图22），加之众多人物不同的衣饰色彩，也使画面色彩丰富，即使在山水风景中，画家也有意以赭红色、橙黄色、白色等颜色表现天空的云霞。

同窟东壁门两侧分别绘制巨幅的观无量寿经变和药师经变（图23），也是以青绿色为基调来绘制的，其中特别是表现建筑物的红色柱子和栏杆与蓝色、绿色的屋顶形成一种华丽的对比，树木、水池中大面积的石绿色、石青色又与佛、菩萨等形象的红色调形成另一种对比（图24）。诸如此类细部的色彩组合，体现了唐朝画家细腻的构成思路。

盛唐以后，石绿色基本成为敦煌壁画中的主色调，逐渐形成一个传统。但是盛唐的壁画中可以看出并不是一个单纯的石绿色的世界，是有很多红色、蓝色、白色、黑色与它并存，体现出极其丰富灿烂的色彩构成。

盛唐壁画中，我们可以找到大量类似的色彩对比。从人物的服饰中也可以感受到这种极其丰富的色彩搭配，反映出唐朝追求华丽灿烂、富丽堂皇的色彩精神（图25）。

总之，从敦煌石窟壁画中，我们可以感受到唐朝流行色的一个大致发展历程：最初在逐步地改变北朝到隋朝形成的基本色调——那种相对单纯，以土红色为基调的色彩构成。而随着唐王朝经济文化的高度发达，以长安为中心的文化强烈地影响到了敦煌地区，中原地区流行的色彩迅速在敦煌石窟中流行起来：从最初的淡绿色、淡蓝色逐渐向强烈的色彩对比发展。到了盛唐时期，各种强烈的颜色并列，争奇斗艳，呈现出一个极其辉煌灿烂的时代特征。反映了盛唐时代崇尚华丽、丰富、典雅的色彩审美思想。

（注：本文根据作者在2022年7月22日"第五届敦煌服饰文化论坛"上的发言整理而成）

图21 ｜ 图22

图21 敦煌莫高窟盛唐第320窟－北壁－经变中的山水

图22 敦煌莫高窟盛唐第148窟－涅槃经变（局部）

图 23　敦煌莫高窟盛唐第 148 窟－东壁

图 24　敦煌莫高窟盛唐第 148 窟－细部

图 25　敦煌莫高窟盛唐第 217 窟－菩萨

| 图 23 | 图 25 |
| 图 24 | |

朱玉麒 / Zhu Yuqi

北京大学历史学系暨中国古代史研究中心教授、博士生导师。兼任中国唐代文学学会副会长、中国敦煌吐鲁番学会常务理事、国际儒学联合会理事会理事、中国地方志学会地方志研究分会副会长等职,国家社会科学基金重大项目"中国西北科学考查团文献史料整理与研究"首席专家,《西域文史》主编。

主要从事唐代典籍和西域文献、清史与清代新疆问题、中外关系史研究。代表作有《徐松与〈西域水道记〉研究》《瀚海零缣——西域文献研究一集》等。

敦煌学前史——1900年之前的敦煌研究

朱玉麒

大家好。我今天要汇报的题目与敦煌学相关，但与服饰文化关系不大。自从曾受邀参加敦煌服饰文化论坛后，我认为敦煌服饰文化方面的研究十分有趣，此次也很荣幸能够参与论坛，因此提交了这个题目作为入场券，与大家分享我的研究。昨天当我们一下飞机的时候，看到了敦煌上空的云彩（图1），我便联想到此次论坛的主题——云衣霓裳，可见在敦煌举行这样一个主题的论坛是多么"应景"。

今天我要分享的是敦煌学之前的一段历史，是我在做西北历史地理学研究的一点心得。

光绪二十六年，也就是1900年的6月22日，王道士发现了藏经洞，敦煌文书从此流散在世界各地，一个国际性的显学——敦煌学就出现了。因此，1900年藏经洞的发现，被认为是敦煌学的开始。

我今天想说的是，在敦煌成为人类栖息地的那一天，关于敦煌的研究就开始了。

一

目前以考古学和历史学的手段，都还不能够还原敦煌最早出现人类栖息时代的情景。我们大概知道在先秦时期，这里曾经是羌戎、月氏、乌孙等古代民族先后游牧和定居的区域。但至少是汉代河西四郡的设立，才体现了人类对敦煌社会及地理空间已经有了长时间的综合评判。公元前121年，汉武帝经营河西，设立酒泉郡，敦煌作为一个县级行政区被设立并归属于酒泉。公元前111年，设立敦煌郡，从此这里成为中原王朝对抗匈奴和经营西域的大本营。

敦煌郡的设立，古人不仅是从军事战备的角度进行了考虑，更重要的是出于对这个地方人类生存的综合因素的考量。这是经过多年的考量后，敦煌才被选定，直到现在为止的2000多年间，它一直是人类栖息的美好绿洲。在战争期间，它是对敌作战的大本营；在和平年代，则是东西交流、华戎交汇的丝绸之路上重要的家园。

因此，我们可以看到关于敦煌的研究在那个时代就已经开始了，把它作为军事史上的价值来对待时，需要对这个地方从总体出发做出研究，包括该地的水资源状况、农耕环境、是否适宜人类生存以及屯兵等问题。如果仅从战备角度考虑，其实敦煌这个地方本身是无险可守的，所以对于它在军事史上的价值，是一个综合的评判。

中原王朝向北对抗匈奴，以及向西经营阳关、玉门关以外的地带，都是以敦煌为大本营的。从敦煌的阳关、玉门关以西到达另外一个绿洲，是十分遥远的，唐代玄奘西天取经的道路历经艰险，其中最为艰难的一段，就是出了敦煌之后到达伊吾卢即今哈密的路程。经哈密之后到吐鲁番，他遇到了麴文泰，麴文泰联络了西突厥的部落来帮助他到达印度，这之后的道路并不算艰苦。所以，在敦煌这个地方设立一个经营西域的大本营、通向西边的桥头堡，就是当时中原王朝对于敦煌研究做出综合评估的结果。

敦煌在二十四史排在最前面的《史记》（图2）、《汉书》（图3）中都有体现，《史记》的《大宛列传》中记载，张骞第一次向汉武帝提及要联合月氏共同对抗匈奴，而月氏

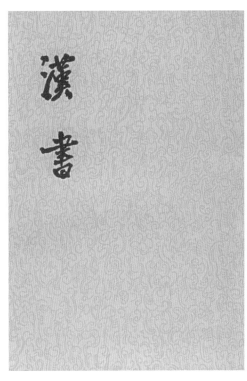

图1
图2 | 图3

图1　2022 年 7 月 21 日敦煌上空的云彩

图2　《史记》

图3　《汉书》

最早就位于敦煌一带，但我们并不知道月氏这个游牧部族已经在该地生存了多久。《汉书》中则有了更明确的记载，在"武帝纪"中，敦煌作为多次抗击匈奴的战争大本营屡屡被提及。还有《汉书·地理志》对敦煌郡及其下设的许多县都有十分完整的描述，这就说明在汉代对于敦煌的研究已经非常成熟。

那么为什么一定要在敦煌这个地方设郡呢？在欧亚大陆的地图上，从西边进入敦煌最重要的屏障，就是帕米尔高原，一旦西来的民族翻越帕米尔高原进入中原，敦煌便首当其冲。若中原王朝要抵抗匈奴、保证丝绸之路的畅通，便一定要保护河西走廊，阻断匈奴南下。但是为什么不能在今天的新疆即西域也这么设置呢？因为绿洲与绿洲之间相隔太远，与中原地区的联系并不像敦煌那样方便，所以在公元前60年开始，才设立了一个西域都护府，其西进的过程是循序渐进的。而于公元前121年开始在河西布防和公元前111年最终设立敦煌郡，这都是由古人具体的区域研究得出的结论，虽然没有留下确切的数据，但我们能看到它的建设是完全有所依凭的。

二

到了东汉，我们可以用两方碑刻来说明敦煌在那一时期的地位。

一方是清代的雍正年间向西域发兵的路途中，在新疆巴里坤发现的《裴岑碑》（图4），碑中记载：

> 惟汉永和二年八月，敦煌
> 太守云中裴岑将郡兵三
> 千人，诛呼衍王等，斩馘部
> 众，克敌全师。除西域之疢，
> 蠲四郡之害，边竟艾安，振
> 威到此。立海祠以表万世。

这一方137年的碑刻，竟如此完整地保留了敦煌太守率军击败呼衍王属下的匈奴的战争，确实称得上是"金石长寿"。在这方碑刻中，可以看到"敦煌"二字在当时是如何写的（图5），套用葛承雍老师"半掩半露"的说法，这是一个半篆半隶的写法，体现出由篆入隶的书法发展历程。

又过了将近半个世纪后，有了《曹全碑》（图6），碑中提及："君讳全，字景完，敦煌效谷人也。"这里的"敦煌"二字就完全是汉隶的模样，非常秀美有致。《曹全碑》是在关中地区的郃阳（今陕西合阳县）出土的，碑中记载的曹全是敦煌人，后来他到中原当了郃阳县的县令，王敞等人为其记功颂德而立此碑。

因此，我们可以看到敦煌在东汉时期的地位，一方面作为边塞的重镇，它的功能是平定西北，《裴岑碑》是典型代表；另一方面，作为经营多年的大郡，敦煌的士人也参与了中原文明的建设中，于是就有了《曹全碑》的出现。碑中记载的"效穀"，是东汉时期敦煌六县之一的效谷(穀)县，现在已经没有这个县了。但在我们住的敦煌宾馆（图7）门口有一个很大的道路指示牌（图8），大家可以看到指示牌右下角的"效谷路"，这便是用东汉时期的"效谷"这一地名在今天的遗存，可以与《曹全碑》来对读。敦煌莫高窟藏经洞的唐代文书里记载，"效谷"之名是由于汉代的县令号召老百姓耕作庄稼，以勤效得谷而来。所以在当时的地理文书中，可以看到古人研究敦煌的记录。

图4 《裴岑碑》（137年）

图5 《裴岑碑》中的"敦煌"二字

图6 《曹全碑》局部（185年）

图7 敦煌宾馆

图8 敦煌宾馆门口道路指示牌

图4	图5	图6
图7		图8

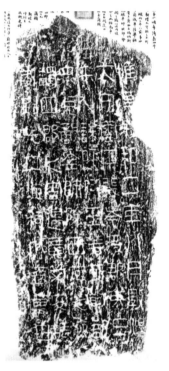

三

到了唐代，关于敦煌的研究除了在正史、《元和郡县图志》等传世文献中可以看到之外，藏经洞文书都是研究敦煌的材料，更可贵的是其中的一部分在当时就是研究敦煌的材料，如《沙州图经》等。但可惜的是，敦煌当时的研究材料都被斯坦因、伯希和等人劫走了，中国留下来的并不多。我们现在只能从国际敦煌项目（IDP，International Dunhuang Project）网上看到这些精彩的图版。比如被斯坦因拿走的这卷文书（《沙州志》，编号S.788，图9），就提及敦煌的寿昌县、玉女泉和盐池等地，这些都是当时的研究记录。

在这个册页本（《敦煌录》，编号S.5448，图10）中，右边就写着"效穀城"这几个字，并详细介绍了效谷城的来历，其成为鱼米之乡的原因就是县令发动百姓来种粮食。还有为什么叫"贰师泉"，是因为贰师将军李广利去攻打费尔干纳盆地的贰师城时，经过此地，没有水源，他刺开城东的沙山后，泉水涌出，因此得名"贰师泉"。

当时研究敦煌的文献还有伯希和拿走的这件文书（《沙州图经》，编号P.5034，图11），详细记载了阳关、玉门关等许多关口。所以藏经洞打开后，我们除了看到大量佛教相关的文献外，也能够看到古人对敦煌直接研究的工作记录。

敦煌还出过许多汉简，譬如悬泉置汉简，我们这里没有举例，但是在这个文书中（《沙州都督府图经》，编号P.2005，图12），就提到出土汉简的悬泉置，由于水源丰

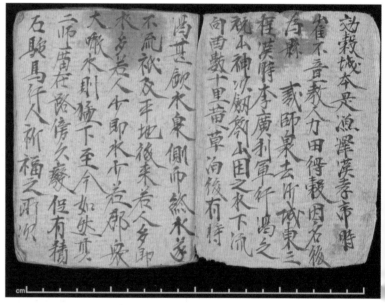

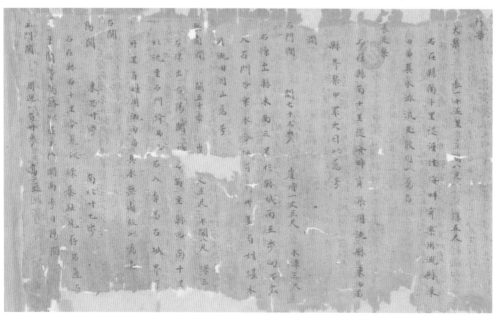

图9 《沙州志》文书（编号 S.788）

图10 《敦煌录》册页本（编号 S.5448）

图11 《沙州图经》文书（编号 P.5034）

图9	图10
图11	

富，人们可以在此建立驿站。当时敦煌城里还有州学、县学、医学等（编号P. 2005，图13），我们因此得知唐代的敦煌郡由于安西四镇的开设及丝绸之路的完善而更加发达。

唐代敦煌还有一个叫"张芝墨池"的名胜古迹，张芝是东晋时期的著名书法家，还有西晋书法家索靖，都是敦煌人。在《沙州都督府图经》（编号P. 2005，图14）中就提到，张芝为了写字，家门口的池子都被墨水染黑了。所以我们可以看到，唐朝时研究敦煌的资料也十分详尽。

图12　敦煌文书中提及出土汉简的悬泉置（编号P. 2005）

图13　敦煌文书中提及敦煌城的情况（编号P. 2005）

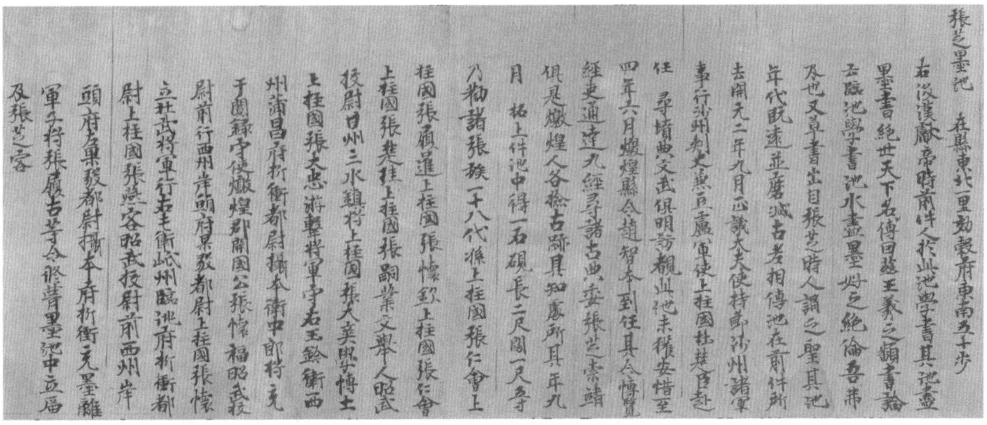

图14　敦煌文书中提及的"张芝墨池"（编号P. 2005）

图12 ┃ 图13

图14

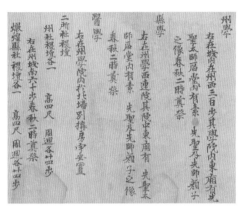

四

前几年我主要做清代西域文献特别是《西域水道记》的研究，像我这样的"发烧友"，见到带有"西域"二字的书，是一定要去看的。在这些书中，我发现有许多关于敦煌研究的资料。值得我们注意的是，在晚清藏经洞发现即敦煌学出现之前，距离我们最近的清代研究敦煌的著作，除《肃州新志》之外，重要的文献提及的不是"敦煌"，而是"西域"。而像常钧的《敦煌杂钞》《敦煌随笔》，苏履吉的《敦煌县志》等，都是借鉴了西域文献著作的材料写成。

在这里，我举例三种，以见清代关于敦煌的研究在西域文献中的丰富性。

第一种是官方的《钦定皇舆西域图志》（图15，简称《西域图志》），乾隆二十年、二十四年，先后平定西域的天山南北之后，乾隆皇帝下令编撰《西域图志》，同时还编有多种民族语言对照的《西域同文志》。《西域图志》到乾隆四十七年才编成，可见花足了功夫。那这里为什么会出现敦煌的记载呢？这是基于清朝初年对于整个西域的理解，是借用明朝"嘉峪关外，并称西域"的观念，于是将西域分为了安西南路、安西北路、天山南路和天山北路四个区。天山南路、北路就是我们今天所说的南疆、北疆，安西北路就是乌鲁木齐以东的东疆地区，比如哈密、吐鲁番都属于安西北路，而安西南路就是嘉峪关外一直到玉门关的河西走廊西部，因此敦煌才在《西域图志》里得以体现。在整个河西走廊中，我们可以看到敦煌就在嘉峪关外到色尔腾海之间。正是因为有一条从东南边流下的党河，才会在如此干旱的地带出现敦煌绿洲。

第二种相关的文献是曾经到过西域的个人著作，以徐松的《西域水道记》为代表（图16）。徐松是嘉庆年间的地理学家，他在被流放西域期间，认为应该借鉴《水经注》的体例为西域编撰地理文献。《西域水道记》完全按照乾隆年间《西域图志》的区域划分，将河西走廊囊括其中，并且还不是以嘉峪关为界，徐松发现嘉峪关以东的水流道路一直向西流，所以也将其编入《西域水道记》。他写的这本书很有意思，因为西域是干旱地区，不像《水经注》里的水道能百川东到海，于是他就创造性地通过内陆河流归宗于湖泊的规律，建立了以湖泊为核心的11个西域水道体系，并描述了这些水流道路所经的人类聚居地。其中的哈拉湖，当时称为"哈拉诺尔湖"，我们现在也叫它"南湖""渥洼池"，此地便成为这个水道体系中最东边的湖泊。因此，流至哈拉湖的水流道路所经之处自然被他详细地记录下来，我们也幸运地在《西域水道记》中读到了他所记载的关于敦煌的内容。

受中国人居室环境的影响，读书人也讲究坐北朝南，因此《西域水道记》这本书

图15 | 图16

图15 《钦定皇舆西域图志》

图16 《西域水道记》

的图版不是上北下南，而是上南下北。在图中最西边，实则最东边的位置是永昌，即今天的武威地区。徐松从武威开始写起，一直到张掖、酒泉和敦煌，都在图中有详细标注。所以他在书中按照水流道路来划分的西域概念，比《西域图志》还要靠东边。党河就是从祁连山流下来，形成了一个个绿洲，其中水源最充沛的地方，就是我们今天的敦煌。所以如果要研究敦煌乃至河西走廊的历史，徐松的《西域水道记》值得一读。

《西域水道记》的写作特点，就是在详细记载各条河流情况的同时，对于其流经地区的建置沿革、重要史实、典章制度、民族变迁、城邑村庄、厂矿牧场、屯田游牧、日晷经纬、名胜古迹等都有丰富的考证，做到了"因水以证地，而即地以存古"。要了解敦煌，就要了解党河流经的区域，而敦煌一定是会被描写到的。我们可以看到，《西域水道记》中还记载了敦煌的六块碑刻（图17），这些都说明徐松在敦煌金石方面做了许多详细的考证工作。

在清代还有第三种与敦煌相关的西域文献，是没有亲历西北的学者所撰写。以俞浩的《西域考古录》（图18）为例，他没有到过西域，没有来过敦煌，但是在书中详细记载了安西州下属的敦煌县（今甘肃敦煌市）和玉门县（今甘肃玉门市）。我们不能因为他没有来过敦煌就不看这本书，这是对当时中原记载敦煌资料的大量摘录，由此我们也可以了解到在清代，中原一带关于西北地区的知识已经非常丰富，敦煌当然也在关注范围之内。

我在这里小结一下：在清代，以西域之名写到敦煌的《西域图志》《西域水道记》和《西域考古录》这三本书都很重要，值得一读。

这方面可以举出的例证，是当外国探险家在考察敦煌时，能够非常熟练地找到各类敦煌文献并进行挑选，得益于中国早期的敦煌研究文献，包括《西域水道记》。一位叫爱德华·沙畹（Edouard Chavannes，1865—1918）的法国敦煌学研究专家，在他的《西突厥史料》中大量吸取了《西域水道记》的历史地理考证内容。就敦煌研究而言，他的《中亚汉碑考》里的四件敦煌碑文，也引用了《西域水道记》中的研究成果，甚至直接影印了其中的录文。

沙畹的弟子保罗·伯希和（Paul Pelliot，1878—1945），在他的《敦煌藏经洞访书记》

图 17 ｜ 图 18

图 17　大唐陇西李府君修功德记碑

图 18　《西域考古录》

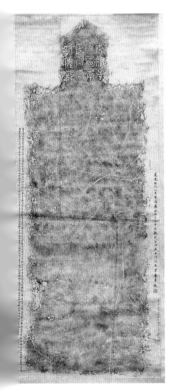

中谈到莫高窟的《李君重修莫高窟佛龛碑》时，提到："在这方非常重要的石刻文献问题上，对于其大部分内容，我被迫依靠徐松的解读。出于万幸，他的解读精彩绝伦。"这说明他在使用中国的敦煌研究材料时，才发现中国金石学也是自有传统和体系，在伯希和眼中，敦煌学前史已经被当时的中国人研究得很好了，只是在当时还没有发现藏经洞而已。

来自日本大谷光瑞探险队的渡边哲信、堀贤雄在库车考察时遇地震发生，因此匆忙回国，于1903年在赶路途中经过安西一带，距敦煌只有一步之遥，但没有下决心前去。渡边哲信在《话说西域大流沙》中很遗憾地提到："虽然对敦煌千佛洞的壮观早就有所耳闻，也知道《西域水道记》等书中详细记录的东西。在大约一个星期的返程途中，对于途经的敦煌也没敢前去探访。"从他的这一说法中，我们也可以看到前期的中国学者在以西域为名的书中对敦煌的研究有比较大的影响力。

五

最后总结一下，敦煌学前史时期的敦煌研究给予我们的启示是：全面展开的敦煌研究才是敦煌学的全部。21世纪的今天，我们的敦煌学研究已经做到了这一点，就是除了藏经洞中的文书以外，我们也要关注敦煌的方方面面、各个领域，包括石窟、石窟中的壁画，以及壁画中的服装，更要让壁画中的服装服务于当下，"传承与创新"是今天论坛中很有意思的主题。

正是因为这个原因，我在看到刘元风老师画的敦煌莫高窟五代第98窟南壁女供养人服饰（图19）时，内心十分激动，结合今天的展览，写下一首小诗：

> 霓裳霞帔彩屏开，
> 上国衣冠迎面来。
> 撷得敦煌花样锦，
> 千红万紫凭君裁。

祝贺"敦煌唐代服饰文化暨创新设计展"开幕。谢谢大家。请批评指正！

图19 敦煌莫高窟五代第98窟－
南壁－女供养人服饰（刘
元风绘）

黄　征 / Huang Zheng

　　南京师范大学美术学院教授，浙江大学文学院兼职教授，杭州佛学院院长助理，灵隐寺浙江飞来峰艺术研究中心主任，九三学社社员，西泠印社社员，中国敦煌吐鲁番学会常务理事，曾出版《敦煌俗字典》《敦煌变文校注》《敦煌愿文集》《敦煌语言文字学研究》《敦煌语文丛说》《劫尘遗珠》《敦煌书法精品选》《陕西神德寺塔出土文献》《浙藏敦煌文献校录整理》等专著或合著。

《降魔变文》画卷中的服饰画

黄 征

尊敬的老师们，同学们，下午好！非常有幸能参加第五届敦煌服饰文化论坛。本次发言的题目是《〈降魔变文〉画卷中的服饰画》。我本人多年专注于整理敦煌文献，因此对服饰的研究涉猎不多，但是这样好的会议又十分想来参加。在对《降魔变文》文献的整理过程中，发现一幅法藏P.4524敦煌《降魔变文》画卷跟本次的会议主题相关，故今天拿来和诸位专家一起讨论。

本研究以法藏P.4524敦煌纸本画卷为主要研究资料，仔细比较《降魔变文》画卷图像与敦煌莫高窟壁画《劳度叉斗圣变》（以敦煌莫高窟晚唐第196窟为例进行主要分析）以及《降魔变文》文本之间的对应关系，通过对图像资料和文本信息进行详尽梳理，《降魔变文》画卷中的故事情节、人物身份等得以明晰。在《降魔变文》画卷中既出现了中原汉民族服饰，又出现了众多中国各少数民族服饰及外国服饰，其中多种中外服饰特点，为敦煌服饰的研究提供了许多具有重要参考价值的图像资料和基本观点。

一、法藏P.4524敦煌写本《降魔变文》画卷概述

法藏P.4524敦煌写本《降魔变文》画卷，是目前所见唯一绘制多图的画卷，内容为《劳度叉斗圣变》图文。画卷主要分为正背两面，正面为《劳度叉斗圣变图》，背面则是与图画相对应的唱词（图1）。

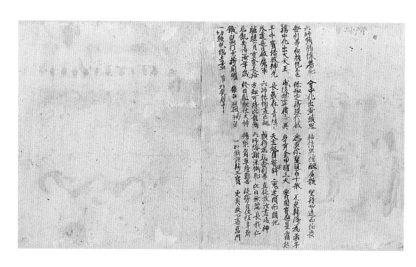

图1 P.4524《降魔变文》画卷-背面唱词（中间略去）

《降魔变文》画卷排版设计具有巧思：画卷打开后，唱词恰位于画卷的左手边卷起部分，这样的排版设计方便文字与图像互相对照。《降魔变文》是敦煌变文中的代表作，在《敦煌变文校注》❶中收录了与其相关的多个纯文本和一个带唱词的画卷。编号如表1所示。

表1　《敦煌变文校注》中《降魔变文》收录情况

标号	保存情况	备注
原卷	全卷完整，但裂为二段。第一段在伦敦，编号为 S.5511。仅存开端九行。第二段在国内，验其笔迹及残缺处，适与第一段相符合（此即胡适藏卷，后归周氏）	《敦煌变文校注》卷四《降魔变文》注释 [一]
甲卷	S.4398，存开端四十一行。原卷两段衔接处，文字多有破损，赖有此卷校补之	《敦煌变文校注》卷四《降魔变文》注释 [一]
乙卷	罗振玉旧藏，印入敦煌零拾中。未见原卷。罗氏迻录，多以意改字，凡印本较胜处，未必可靠。如"九牛小子"印本作"牧牛小子"，虽较通顺，但原卷未必如此。故采用罗印本处极少。读者可自取参阅	《敦煌变文校注》卷四《降魔变文》注释 [一]
丙卷	P.4615，今已裂为六段，极残损。余未见原卷，据王庆菽钞本校之	《敦煌变文校注》卷四《降魔变文》注释 [一]
丁卷	P.4524，全卷为图，即《降魔变文》画卷也。卷背写唱词。今只校唱词部分	《敦煌变文校注》卷四《降魔变文》注释 [一]
戊卷	俄罗斯藏卷 Dx03776	
己卷	俄罗斯藏卷 Dx4019+4021	
庚卷	俄罗斯藏卷 Dx11182RV	
辛卷	中国台湾中央研究院傅斯年藏卷	

　　《降魔变文》故事主要依据：《贤愚经》卷十"须达起精舍品"，《大般涅槃经》卷第二十七、第二十八"师子吼菩萨品""降魔变文"。

　　其中《降魔变文》对劳度叉斗圣的缘由写得非常详细，梗概如下：

　　昔南天竺有一大国，号舍卫城。辅国贤相，厥号须达多，小子未婚冠，本国因无优俪，发使外国求之。因见宰相护弥家崇十善，延佛说法，于是问得佛之所在，寻光直至佛所，请佛到舍卫城说法。于是佛让弟子舍利弗一同到达舍卫城修建伽蓝精舍，预先做好应佛准备。由于按行伽蓝之地，祇陀太子花园最好，因此布金买园，太子施树同营。可是六师外道劳度叉得知之后，讼至国王面前，声称太子与宰相图谋不轨。

---

❶ 黄征、张涌泉．敦煌变文校注 [M]．北京：中华书局，1997.

国王叫来宰相亲问，得知请佛讲法之事，决定让佛家与外道斗法，谁胜利了谁就拥有这座花园。于是波斯匿王见舍利弗，即敕群僚："各须在意。佛家东边，六师西畔。朕在北面，官庶南边。胜负二途，各须明记。和尚得胜，击金鼓而下金筹；佛家若强，扣金钟而点尚字。各处本位，即任施张。"

二、敦煌莫高窟《劳度叉斗圣变》概述

敦煌莫高窟现存《劳度叉斗圣变》19铺，分别位于莫高窟第6、第9、第25、第53、第55、第72、第85、第98、第108、第146、第196、第335、第342、第454窟，榆林窟第16、第19、第32窟，西千佛洞第12窟以及五个庙第3窟。按时代划分，可分为北周1铺、初唐1铺、晚唐3铺、五代10铺、宋代3铺、西夏1铺。西千佛洞北周第12窟南壁中部所绘《劳度叉斗圣变》，是敦煌石窟现存最早一铺该题材壁画。敦煌石窟现存初唐时期《劳度叉斗圣变》，仅莫高窟第335窟正壁龛内一铺。盛唐、中唐时期，《劳度叉斗圣变》不见于敦煌石窟，直到晚唐归义军统治时期，《劳度叉斗圣变》发展成为通壁绘制的巨幅经变画再现敦煌，之后一百余年，《劳度叉斗圣变》呈现明显程式化。敦煌莫高窟现存西夏时期所绘《劳度叉斗圣变》是敦煌莫高窟最后一铺该题材经变画，此后《劳度叉斗圣变》销声匿迹于敦煌莫高窟。❶

图2 敦煌莫高窟晚唐第196窟《劳度叉斗圣变》舍利弗

敦煌壁画《劳度叉斗圣变》遗存丰富，敦煌莫高窟第196窟西壁所绘晚唐作品❷与《降魔变文》画卷创作时间相近，且莫高窟第196窟《劳度叉斗圣变》构图精美，色彩绚丽，情节生动，富有戏剧性。从服饰角度来看，舍利弗、劳度叉等人物衣着各异，都很有研究价值。图2所示是佛弟子舍利弗坐在莲花座上，而莲花座下面是高高的须弥座；舍

❶ 邵强军，李婷.莫高窟第98窟《劳度叉斗圣变》探究[J].敦煌学辑刊，2021(1)：91–102.
❷ 敦煌研究院.中国石窟：敦煌莫高窟(四)[M].北京：文物出版社，1987：184–187.

利弗身着袈裟，手指作降魔印，神情宛然。图3所示是六师外道劳度叉坐在宝帐之中，下结方坛，遭舍利弗解风袋一吹，惊慌失措，徒众匆忙扶住倾危之帐。劳度叉及其徒众，服饰皆极雍容华贵，不亚佛家。不过，图4、图5中六师外道劳度叉及其徒众穿的是齐膝短裤，这与《降魔变文》画卷中劳度叉及其徒众形象一致。

图3　敦煌莫高窟晚唐第196窟－
　　　《劳度叉斗圣变》劳度叉

三、法藏P.4524敦煌写本《降魔变文》画卷中服饰概述

相比之下，《降魔变文》画卷更有意思。画卷中的人物服饰虽然也是彩绘，但与壁画相比，人物服饰更加丰富多彩，无论是冠帽发饰还是上衣下裳都极具特色。这些服饰的真实性和艺术性值得我们深入研究。下面将全卷图画依次剪裁分析。

目前法藏P.4524敦煌写本《降魔变文》画卷首尾均残，正面绘六组图像，背面存五段文字。正面绘画的顺序从右至左依次画出"金刚摧宝山变""师子伏水牛变""香象踏宝池变""金翅伏毒龙变""天王伏二鬼变"等情节。其中第一个情节缺舍利弗一方，最后一个情节仅余两位比丘形象。在每个单元斗法情节中，以劳度叉和舍利弗双方一左一右对称构图作为基本单元，波斯匿王作为观众或裁判位于画面中间，斗法过程中，劳度叉与舍利弗变幻出的各种人物形象作为变量与波斯匿国王共同位于画面中央，至此斗法双方共同构成"对立式"构图。每个情节中，劳度叉、舍利弗、波斯匿王等人物和叩钟、击鼓等场面重复出现，情节与情节之间以树为间隔。

P.4524《降魔变文》卷首第一个情节为"金刚摧宝山变"（图6）。虽然卷首部分已残缺，但依旧可以知晓变文内容。根据图文对比可知，图案故事情节与变文文本描述一致："舍利弗徐步安详，升师子之座；劳度叉身居宝帐，捧拥四边。舍利弗即升宝座，如师子之王，出雅妙之声，告四众言曰：'然我佛法之内，不立人我之心，显

图4　敦煌莫高窟晚唐第196窟－《劳度叉斗圣变》徒众1

图5　敦煌莫高窟晚唐第196窟－《劳度叉斗圣变》徒众2

图4 ｜ 图5

图6　P.4524《降魔变文》画卷
　　　卷首

政摧邪，假为施设。劳度叉有何变现，即任施张！'六师闻语，忽然化出宝山，高数由旬。钦岑碧玉，崔嵬白银，顶侵天汉，丛竹芳新。东西日月，南北参辰。亦有松树参天，藤萝万段，顶上隐士安居。更有诸仙游观，驾鹤乘龙，仙歌聊乱。四众谁不惊嗟，见者咸皆称叹。舍利弗虽见此山，心里都无畏难。须臾之顷，忽然化出金刚。"

　　画卷首先出现的人物是舍利弗，不过由于卷首残损，舍利弗只在画面右上角呈现半身袈裟和手执如意的形象。第二身为金刚，根据变文所述，此是"火头金刚"。其金刚乃作何形状？其金刚乃头圆像天，天圆祇堪为盖；足方万里，大地纔足为钻（砧）。眉郁翠如青山之两重，口唅唅犹江海之广阔，手执宝杵，杵上火焰冲天。一拟邪山，登时粉碎。山花萎悴飘零，竹木莫知所在。百僚齐叹希奇，四众一时唱快。火头金刚下身所着乃与舍利弗相同的红黄两色裙裤，长度及膝，质地柔软，随身摆动，显示腿部肌肉；上身披挂飘带，肌肉裸露，显得刚强有力。

　　画面左侧人物是六师外道劳度叉及其徒众。劳度叉交脚箕坐，居于中位。劳度叉及其徒众皆赤裸上身，大腹便便如憨蝦蟇，跣足而着及膝短裤。这种装束带有热带、亚热带天竺等国的服饰特征。劳度叉与左右徒众的发型也非常有趣：劳度叉头发上梳后倾斜，左边人物满脸络腮胡，头发收束扎髻，右边则中间剃掉两边蓄发像一条海沟。三位身后还有三人，头戴金色高帽。

　　如图7所示，首先是波斯匿国王。《降魔变文》的描写是："波斯匿王见舍利弗，即敕群僚：'各须在意。佛家东边，六师西畔。朕在北面，官庶南边。胜负二途，各须明记。和尚得胜，击金鼓而下金筹；佛家若强，扣金钟而点尚字。各处本位，即任施张。'"画卷中国王伸出二指，跪坐于床榻之上。国王顶戴通天冠，横插金色簪导，王冠上写一汉字"王"，以表明身份，上着黑色大袖衣，领缘、袖缘为金色，内搭白纱中单，下着金黄色下裳，但从国王通天冠上的"王"字可知，该画卷应为画师自主发挥的作品。

图7 "金刚摧宝山变"中国王、宰相、官员、宫人

　　国王面前的是宰相须达，顶戴官帽，手执金条，奏王佛家赢得一局，因而索其尚字，记一分。宰相的服饰应为具服，上身穿金色红缘大袖衣，下身穿同色下裳，缘边与衣缘同色，皆为红色。由于国王所坐之床较高，宰相须达胸部才到床边。国王身后三人，右边侍女头顶双髻，身着交领襦裙，另外二人，一个是络腮胡子的官员，另一个是白色长须的老者，身上穿着的服饰与宰相须达一致，皆顶戴官帽，横插金簪，作为国王的随行官员出现在此，根据官员所在位置和服饰，推测其应为朝阁重臣。至于国王左侧五人，为前来观看比赛的各国王子，因此形象各异：第一排手执金条身着汉服唐装的人物，应是与宰相一起的官员；与官员站在同一排的昆仑奴上身赤裸，下着缠裹式及膝短裤，手执一根圆头细棒，应是马鞭之类；第二排左侧高句丽王子头戴鸟羽冠，但身着服饰与中原汉服一致；后排二位，左边瓦楞帽者，身着汉服，年纪稍长；其旁吐蕃王子头戴用红色头巾缠裹成的下大上小并向前倾斜的塔式"赞夏帽"（学者杨清凡称此为"赞夏帽"，下文皆以此称❶），身上穿的是对襟翻领长袍，长袍里外异色，服装表面为金色并带有一定纹饰，领部则为红色，服装由两种不同色彩的面料制作而成。

　　舍利弗与劳度叉的第二轮斗法为"师子伏水牛变"（图8）。在第二轮斗法中，劳度叉变幻出一头怒目圆睁的水牛，舍利弗则变幻出猛狮，画面中雄狮猛扑在水牛的背上，咬断了水牛的脖子，在第二场斗法，舍利弗再次胜利。画卷中有一小僧尼撞金钟的情节描绘。在整个斗法过程中，佛家胜利以撞金钟表示，外道胜利则以击金鼓来表示，故此处小僧尼撞金钟的情节传达舍利弗及其众人又一胜利的信息。

　　图8右侧是佛弟子舍利弗及其僧众等。舍利弗的形象据《降魔变文》描述道："苍

❶ 杨清凡. 藏族服饰史 [M]. 西宁:青海人民出版社,2003:54.

图8　"师子伏水牛变"

忙寻逐，不知所去之踪；遍问街衢，莫委游行之处。因逢九牛小子，诘问逗遛：'汝向野外行时，逢着我和尚已不？'小子曲躬：'启言阿翁：昨日驱牛逐草，偶至七里涧边，见一秃头小儿，身披赤色之衣，树下端然坐睡，不知是何色类？阿翁自往看之。'长者闻说，即知委是本身。在此国内之人，更无剃头之者。长者奔车骤驾，即至七里涧边。直至尼拘树下，并（屏）其左右，叉手向前，启言和尚：'弟子亲闻圣旨，约束切严；和尚自促时光，许期明日斗圣。岂容不知急缓，来至此间，不识闲忙，走向此间坐睡？分毫疏失，两人性命不全。纵然弟子当辜，和尚岂安忍见！'谘启之处若为：长者合掌启阇梨：'弟子凡愚不觉知。布金买园无辞弹（惮），外道捉我苦刑持。弟子躬亲蒙进止，劳度叉欲得斗神威。恐畏中途生进退，缘兹忧惧乃频眉。'舍利弗既闻须达说，便入三昧自思惟。澄神净虑安心想，摧伏妄念息诸非。六贼纵横不能染，将知定力不思议。每恐声闻道力劣，伏愿如来为护持。舍利弗不移本座，运其神通，即至鹫峰山顶，悲泣雨泪，哽噎声嘶，旋绕世尊，数十余匝。希大圣之威加备（被）之处，若为：舍利悲啼启法王：'如来驱使建僧房。未及诚心营饰毕，六师群众稍难当。弟子小人神力劣，希垂护念借威光。傥若一时降伏得，总遣度却入僧行。'佛告舍利'不须悲，是汝声闻道力微。'遂唤阿难来近侧：'架上取我僧伽梨。（历）劫降魔皆使汝，神通智惠不劳施。将吾金襕袈裟去，无量善神卫护之。魔王一见皆摧伏，法性清净证无为。'"

文中舍利弗身着袈裟，牧牛小子描述为"身披赤色之衣"，佛祖的服装为僧伽梨、金襕袈裟，属于有法力的特殊服装。在图中舍利弗的着装，里面是金黄色的内衣，外面是金红色的袈裟，右袒，其左手执如意，右手作降魔印，端坐在莲花座上。舍利弗身后剃发七人，皆为僧众，有三位僧尼的衣服款式和颜色与舍利弗一致，有两位着缁衣，即黑色条纹的袈裟。边上还有一位，袈裟是叶绿色的。僧众后面还有二人，一人身穿甲胄，外披毛领披风，应是护法者。还有一位是鹿角仙人。鹿角仙人是古印度神话传说中仙人迦叶波的后代，无瓶仙人之子。相传他通过修苦行获得一种法力：他所到之处，雨量充沛，庄稼丰茂。国王派遣几个美貌少女把鹿角仙人请到莺伽国。仙人一踏进国境，立刻大雨如注，所有的江河湖泊水波荡漾，饥荒遂告解除。国王按上天意旨把女儿平和公主（音译"商陀"）嫁给鹿角仙人。平和公主原是卢摩婆陀的养女，其生父是十车王。后来，鹿角仙人为十车王举行了求子祭，使十车王得罗摩等众子。

图9右侧是劳度叉及其徒众，左侧是波斯匿国王及其官员、宫人等。此时国王、官员形象与第一个情节"金刚摧宝山变"中人物形象相对比，在服饰上有所变化，不同处主要有：第一，各国王子形象减少，仅留两位吐蕃使者在场；第二，吐蕃使者服饰也发生了改变，最左侧吐蕃使者穿红色翻领长袍，袖长及膝，腰系革带，面部赭面，帽子由塔式"赞夏冠"变为管状形"赞夏冠"；另一吐蕃使者，身着叶绿色翻领长袍，辫发披肩，作揖站立；第三，国王身后汉族官员增加，但衣服、头冠、发型也都不尽相同。

第三轮斗法回合为"香象踏宝池变"（图10、图11）。在舍利弗与劳度叉斗法的第三回合中，劳度叉变成一池清水，四面七宝园池，内生各种莲花，舍利弗则化作一头六牙白象，大象用鼻子顷刻间吸干了池水。端坐在莲花宝座上的舍利弗穿着金襕袈裟，普通比丘的袈裟则装饰黑色方格纹饰，与舍利弗服饰相区分。整体来看"香象踏宝池变"中舍利弗和徒众的形象又存在不同，尽管为同一画面，同一人物，但画师依然采用不同的技巧表达，区分彼此。

同样，与"师子伏水牛变"斗法情节相比，国王与大臣的形象在此时也发生了变化（图11），除了服饰外，在位置排列方面与以往也存在不同，具体为：第一，国王一手二指前伸，一手持蒲扇，似作辩论之姿跪坐在床榻之上；第二，国王身后随行的一众臣子、各国使臣形象又发生了变化。在该画面中第一排以汉族官员为主，在"师子伏水牛变"中消失的高句丽王子、昆仑奴在此又重新出现，但位于画卷第二排位置；第三，值得注意的是，吐蕃王子的服装在袖缘部分装饰虎皮纹，与吐蕃"大虫皮"服制有关。除此之外，劳度叉的形象也有改变，在此图中外道皆在胸前搭一条帔帛，双

图9 "师子伏水牛变"中国王、
劳度叉、官员、宫人

脚交叉而坐，但从以往的赤脚改为穿靴。

　　劳度叉与舍利弗的第四回合斗法为"金翅伏毒龙变"（图12、图13）。在第四回合的斗法中，节节败退的劳度叉变作毒龙，毒龙在大海中推波作浪，神情凶恶，舍利弗见此，变为一只金翅鸟，在上空展翅俯冲，双爪站立于龙背之上裂其身，鸟喙啄其头，顷刻间，毒龙在金翅鸟爪下、喙下粉碎而亡。上文已经论述《降魔变文》画卷每一幅作品都会做出相应改变，此幅作品亦是。劳度叉和外道徒众形象又发生了改变（图13），在"香象踏宝池变"中交脚着靴的劳度叉和徒众又恢复了赤脚状态，其面部也由光洁无须至满面虬髯，其服饰也是恢复上身赤裸，下着短裤的形式，除了服饰、样貌发生了变化外，劳度叉所坐宝帐在进入新一轮斗法中也发生了变化，只见宝盖上以水墨画的形式绘出两只对称分布的鹰，鹰喙衔一瑞草，这种鸟衔瑞草的装饰元素是唐代常用装饰元素之一。观察国王与众大臣的形象，人物位置又发生变动，昆仑奴在人群最后站立。值得注

意的是，吐蕃使者的形象一直出现在画面之中，其服饰形制并没有较大变化，仅在纹饰细节做了改动，从持续出现的吐蕃使者以及对其服饰的细致描绘，可以窥探吐蕃政权对敦煌地区的影响。

　　画卷中所示劳度叉与舍利弗斗法的最后一回合为"天王伏二鬼变"（图14、图15）。在画卷中央，劳度叉召出两只黄头鬼，而舍利弗召唤毗沙门天王来对阵（图14）。只见画面中毗沙门天王右前方较低处，两个相貌丑陋、头发散乱、赤脚的人躬身作揖，而毗沙门天王站立在高台上，头顶华盖，手握长枪，左手托塔，背后竖起一对牛角形背靠。黄头鬼与毗沙门天王形象的鲜明对比也暗示了这场斗法的最终结局。画卷右侧的舍利弗结跏趺坐，双手合十，身后的随从中多了带头光的天王和披发老者，同样国王与劳度叉也是呈恭敬状。图15中，国王与劳度叉双手合十，跪坐于榻上，在"香象踏宝池变"中国王手中的蒲扇，改为左侧仕女手中所持。在"天王伏二鬼变"这一章节中，国王、黄头鬼、劳度叉的身体姿态暗示了以佛家为代表的舍利弗赢得了最终的胜利。在画面最

图12 "金翅伏毒龙变"

图13 "金翅伏毒龙变"中国王劳度叉、官员、宫人

图12
图13

图14　"天王伏二鬼变"

图15　"天王伏二鬼变"中国王、
　　　劳度叉、官员、宫人

图14
———
图15

后，仅见两位佛弟子面朝前方，有一人手持锡杖，或为画卷下一情节内容，可惜画卷已残缺，尚不知具体内容。

结束语

以上是我个人对整幅画卷中故事情节与服饰特点的简要概述。法藏 P.4524 敦煌《降魔变文》画卷将五个惊心动魄、扣人心弦的斗法场景完整地表现在这一长卷之中，把如此曲折复杂的故事内容变为直观的艺术形象，古代画师对于该典故的熟悉以及绘画功底得以体现。通过《降魔变文》文本信息与图像资料的对比，画卷中的故事情节和人物身份得以明晰。除此，在《降魔变文》画卷中既出现了中原汉民族服饰，又出现了众多各国少数民族服饰，尤其对不同民族服饰的多角度的呈现，为敦煌少数民族服饰的研究提供了许多具有重要参考价值的图像资料和基本观点。

严 勇 / Yan Yong

现任故宫博物院研究馆员、故宫博物院宫廷历史部主任、故宫博物院学术委员会委员、故宫博物院宫廷服饰织绣研究所所长、中国文物学会纺织文物专业委员会秘书长、国家社科基金评审专家、北京市博物馆协会保管专业委员会副会长。清华大学艺术博物馆、中央民族大学民族博物馆、北京服装学院民族服饰博物馆和（东华大学）上海纺织服饰博物馆等高校博物馆的专家委员会委员。研究方向主要是清代宫廷服饰、中国古代织绣书画艺术和明清织绣等。著有《清史图典·顺治朝》，主编《天朝衣冠——故宫博物院藏清代宫廷服饰精品展》《清宫服饰图典》《故宫博物院藏文物珍品·织绣服饰》（英文版），《至尊华章——故宫博物院藏宫廷织绣服饰文物》《地上的天宫——故宫博物院藏后妃皇子文物》，发表学术论文和专业文章50余篇。

清代宫廷服饰制度及其文化内涵

严 勇

北京服装学院的各位老师、同学以及线上的朋友，大家下午好。非常感谢敦煌服饰文化研究暨创新设计中心的邀请，很高兴有机会在线上与大家分享、交流我的研究心得。今天讲的是《清代宫廷服饰制度及其文化内涵》，主要分为两方面内容：第一，清代宫廷服饰制度，它是表面所能看到的、物质层面的；第二，清代宫廷服饰文化内涵，它是内在的、精神层面的。第一方面回答了"是什么"的问题，第二方面分析了"为什么"的问题。

一、清代宫廷服饰制度

1. 清代宫廷服饰的制作过程及织造工艺

清代宫廷服饰的制作与现代相似，在制作前需要如意馆的画师绘制服饰小样（类似现代的设计稿），经礼部审核后，部分还要由皇帝亲自审核才能派发至制造工厂进行生产。故宫博物院保存了三千多张设计图样，大多属于清代晚期（图1、图2）。服饰小样上标注了生产所需的颜色、款式、纹样以及数量等，根据衣服1:1制作的叫作衣样，而按比例缩放的叫作衣服小样。

图1 ｜ 图2

图1 皇帝衮服图样（故宫博物院藏）

图2 皇帝十二章纹金龙冬朝袍图样（故宫博物院藏）

清代与明代不同，明代皇家在全国各地设置二十四处织造局，其中北京一处，外地二十三处。而清代则大幅缩减了织造机构，全国仅设四处，北京一处，江南有三处。北京内织染局存续的时间比江南短，清初设立，乾隆十六年迁移至万寿山，而道光二十三年被裁撤。

江南三织造主要为皇家生产面料与服装，在江苏南京、苏州和浙江杭州设置织造局。服饰图样发往江南三织造后，由各局按样制作。三织造的分工不同，各具特色，南京织造局主要生产云锦，纹样艳丽多彩，犹如天空中美丽的云霞，故名"云锦"。其中主要的产品叫"妆花织物"，工艺繁复、华丽美观，被誉为"织金妆花之丽，五彩闪色之华"。由于织物采用通梭或挖梭工艺进行生产，多色丝线的使用不会使织物显得过于厚重，因此深受宫廷喜爱。苏州织造局主要生产织锦、缎、纱、绸、绢等，以仿宋锦、缂丝、苏绣和漳绒最为著名。杭州织造局织造绸、绫、罗等织物，所生产的素色织物和暗花织物产量最大、质量最优。

除了织造官对三织造的产品质量进行监造外，有时皇帝也会亲自过问。某次雍正皇帝发现衮服掉色，下令追查，最后织造官曹雪芹的叔父曹頫被罚俸一年。乾隆皇帝也经常过问服装的制作。由于官员的督造与皇帝的过问，在客观上促进了江南三织造织物产品质量和技艺的精益求精。

江南三织造生产的面料有的是半成品，在织物上将服装的形状、纹样织造出来，运送至京城后再进行裁剪和缝制。面料的工艺精美，有些甚至非常奢侈，明黄色缎地缉米珠绣龙袍料中白色纹样是使用小米珠制作而成的。小米珠是一种与食用小米大小相似的珍珠，制作难度极大，大约每十颗小米珠只有三四颗串成功，根据估算，龙袍料需要七万至八万颗小米珠（图3、图4）。由于制作过于耗费人力，乾隆皇帝下令不再生产这

图3　明黄色缎地缉米珠绣龙袍料（故宫博物院藏）

图4　明黄色缎地缂米珠绣龙
　　　袍料（局部）（故宫博物
　　　院藏）

图5　石青缎串米珠绣四团龙袍料
　　　（全形）（故宫博物院藏）

图6　乾隆黄色地四合如意云头
　　　纹妆花缎（故宫博物院藏）

| 图4 | |
| 图5 | 图6 |

种衣服，因此缂米珠服装在故宫博物院收藏的数量很少。石青缎串米珠绣四团龙袍面料里织入绿色的孔雀羽毛，孔雀羽毛的融入使面料几乎达到永不变色的效果（图5）。

妆花织物的品种众多，包括妆花缎、妆花绸、妆花纱、妆花罗等，这是南京织造局生产的四合如意云头纹妆花缎（图6）。此外，在绿色缠枝莲纹织金缎织入大量的金线，外观效果金碧辉煌，极为奢华（图7）。

漳绒起源于福建漳州，在明代时期就有生产，但清代时期其制造中心转移至苏州。它的特点是织物比较厚重，花地分明，有立体感。苏州织造局生产的月白色百蝶纹漳绒（图8）、黄色缠枝菊纹妆花漳绒铺垫料（图9），由于比较厚重，较为适合做地毯、马鞍料等比较耐磨的物件。锦是所有丝织物中织造难度最大的，将其背面所有丝线全部织进面料中，面料因此非常厚重、结实（图10）。

乾隆时期，国力强盛，对外交流频繁，西方的织物进入宫廷。如图11所示为被称作

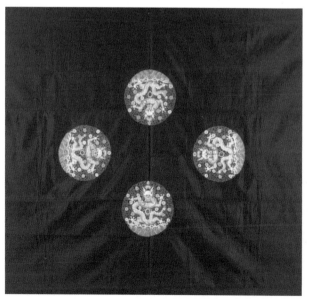

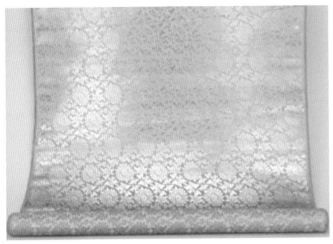
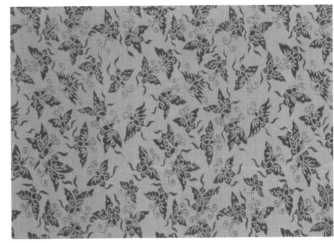
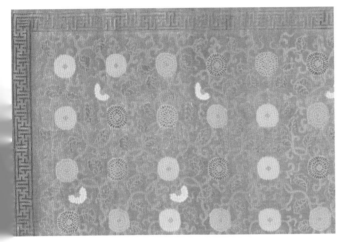
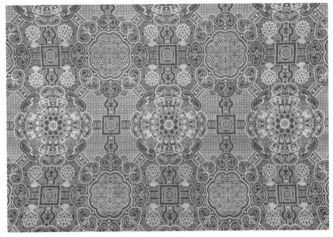
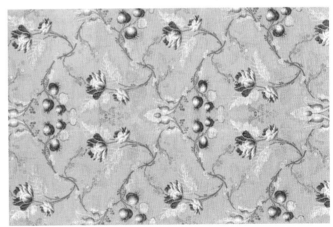

图7	图8
图9	图10
	图11

图7　绿色缠枝莲纹织金缎（故宫博物院藏）

图8　月白色百蝶纹漳绒（故宫博物院藏）

图9　黄色缠枝菊纹妆花漳绒铺垫料（故宫博物院藏）

图10　蓝色地五彩大天华锦（局部）

图11　月白色地花果纹金宝地锦（故宫博物院藏）

大洋花的丝织物，其纹样特点是花型较大，花叶卷曲，具有异国特色，与中国传统纹样的规矩、对称不同。后来，乾隆下令在江南三织造进行仿制，部分仿制成功。

妆花织物的背面有大量的抛线，由于采用通梭或挖梭工艺，因此后面有很多抛线。它们通常背面要配里子，否则丝线容易刮掉（图12）。而缂丝是平纹织物，正面与背面的纹样完全相同，只是背面有些较粗的线头。乾隆时期，随着西域的平定，很多西域织物进入宫廷，较为有特色的有和阗绸（图13），还有一种起绒的织物叫作玛什鲁布

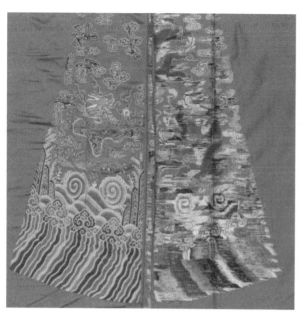

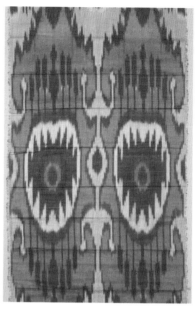

图 12 扱绒织物（故宫博物院藏）

图 13 彩色和阗绸（故宫博物院藏）

图 14 彩色玛什鲁布（故宫博物院藏）

图 15 金线金地三蓝牡丹纹绦

图 12	图 13
图 14	图 15

（图 14）。

清代晚期西方铁机的引进，节约了人工织绣的时间，可以迅速地把图案缝制在服装上，许多衣服都采用这样的制作手法（图 15）。这种整版的、没有开封的绦带，故宫博物院收藏了几万件（图 16）。服装在江南三织造完成后，会被装入衣料盒中，通过水路或陆路运送至北京。衣料盒上的书写或刻字标明了衣物的名称和使用者，其材质为樟木、紫檀，起到防虫、防尘作用（图 17）。

2. 清代宫廷服饰的种类及其使用

清代皇帝的宫廷服饰共有七种：礼服、吉服、常服、行服、戎服、雨服、便服，而

后妃只有四种：礼服、吉服、常服、便服。

（1）礼服

礼服是所有清代宫廷服饰中等级最高的，在祭祀、朝会等重大典礼时穿着。皇帝的礼服由端罩、衮服和朝袍组成，冬天穿着的端罩，是褂的一种形式（图18）。冬日祭天时，穿着棉夹衣不足以御寒，需要皮制端罩来保暖。

礼服中的衮服，其形制为对襟褂式，色彩为石青色，有四团正龙纹样（图19）。左肩的太阳纹样称为"左日"，右肩的月亮的纹样称为"右月"，通常穿着于朝袍外。

礼服中的四色朝袍虽被称作朝袍，但除了明黄色的，其他颜色朝袍行使的是祭服功能，仅用于祭祀。在天坛祭天的时候，穿蓝色朝服，佩挂青金石朝珠，与天的颜色一致（图20）；在地坛祭地的时候，穿明黄色朝服，佩挂蜜蜡朝珠，与大地的颜色一致（图21）；在日坛祭日的时候，穿红色朝服，佩挂红珊瑚朝珠，与太阳的颜色一致（图22）；在月坛祭月的时候，穿月白色朝服，佩挂绿松石朝珠（图23）。典制中记载，月白色又被称为"玉色"，与月亮的颜色相似。

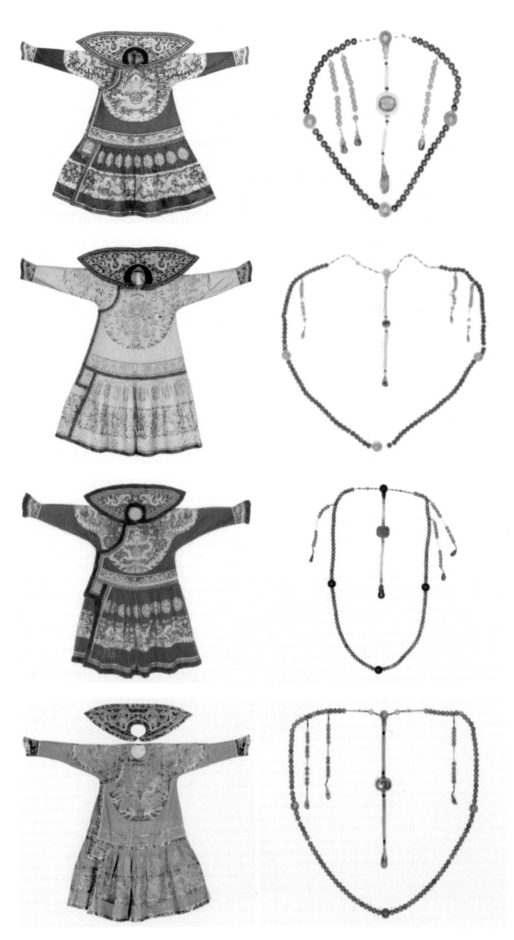

图 20 蓝色朝袍与青金石朝珠
（故宫博物院藏）

图 21 明黄色朝袍与蜜蜡朝珠
（故宫博物院藏）

图 22 红色朝袍与红珊瑚朝珠
（故宫博物院藏）

图 23 月白色朝袍与绿松石朝
珠（故宫博物院藏）

图 20
图 21
图 22
图 23

　　朝珠是整个中国服装发展史上较为独特的配饰，清代官员穿着朝服和吉服时需要佩戴朝珠，有时常服也需要佩戴。它的材质繁多，包括木质、珍珠、金银等。在所有的朝珠中，东珠朝珠最珍贵，只有最为尊贵的皇帝、皇太后、皇后才可以佩挂，即使贵为皇子、亲王、郡王也不能使用。东珠朝珠产自东北，是满族的发祥地，也是满族统治者的龙兴之地。因此，东珠格外受到珍视与钟爱，清朝统治者将其用于朝珠，以表示对发祥地和祖先的尊崇以及对本民族传统文化的秉承。除了它的色泽晶莹、质地圆润，极为稀罕外，东珠朝珠在采捕时也十分艰难，尤其是上等的东珠得来更为不易。乾隆皇帝曾经作了一首御制诗《采珠行》，他在里面发出感慨："百难获一称奇珍"，意为百颗珠子里才能获得一颗上等的东珠做朝珠。在历史档案中记载："乾隆二十五年，打牲乌拉共捕得东珠二千一百一十九颗，头等东珠仅二十三颗"，可见东珠何其珍贵（图24）。

　　穿着礼服时，头上戴朝冠，腰上系朝服带，脚上穿朝靴，从头到脚有整套的装束。后妃的礼服与皇帝一样，为整套式。皇帝与后妃朝袍的区别在于款式，皇帝朝袍的上衣与下裳好像分为两节，实际上是两位一体的，其腰部增加腰襕。而后妃的朝服则为通身式，没有腰襕，不分上衣与下裳。另外，皇帝朝袍的马蹄袖直接过渡至袖身，而后妃的袖子中间还有中接袖，又叫"花接袖"。两者朝袍上的纹样也不同，皇帝朝袍上共有四十多条龙，而后妃身上只有九条龙（图25）。

　　后妃的朝服为三件套，最里边穿朝裙（图26），朝裙的外面套一层朝袍（图27），朝袍的外面为朝褂（图28）。清代许多场合服饰的穿着特点都是"有袍必有褂，袍褂不分家"。后妃的朝褂前身与后身各有两条大立龙（图28）。

　　乾隆皇帝非常孝顺，在给母亲崇庆皇太后祝寿时，让母亲穿着等级最高的朝服，实际上祝寿应该穿吉服，他也穿着了朝服（图29）。在故宫博物院的藏品中，有一件绣制九九八十一条龙的朝褂，它与所有典制、实物上的纹样不同，前面的朝褂都是四条龙，这件有八十一条（图30）。九为阳数，一般只有等级最高的皇帝才能使用九或者九的倍数的纹样，推测这件衣服是乾隆皇帝母亲所穿，因为他特别孝顺，给母亲定制一件超越规则的服装，以表孝心。

图24　图25

图24　东珠朝珠（故宫博物院藏）

图25　嘉庆明黄色纱绣彩云金龙纹女夹朝袍（故宫博物院藏）

图26　石青色寸蟒妆花缎金版
　　　嵌珠石夹朝裙（故宫博
　　　物院藏）

图27　乾隆明黄色缎绣云龙金版嵌
　　　珠石银鼠皮朝袍（故宫博物
　　　院藏）

图26
图27

图 28 　 图 29
　　　　 图 30

图 28　乾隆石青色缎绣云龙金版
　　　嵌珠石夹朝褂（故宫博物
　　　院藏）

图 29　清人绘《胪欢荟景图册之
　　　慈宁燕喜图页》（局部）

图 30　乾隆石青色缎绣八十一条
　　　龙夹朝褂（故宫博物院藏）

　　皇后礼服的整套装束要比皇帝繁复得多，头上戴朝冠（图31），额头上戴金约（俗称"头箍"），脖子上戴领约（俗称"项圈"），胸前佩挂彩帨，耳朵上挂耳环。满族妇女与汉族妇女的不同在于，汉族妇女是一个耳洞挂一串耳环，而满族妇女是三个耳洞挂三串耳环，又称为"一耳三钳"，是满族妇女佩戴配饰最大的特色（图32）。

　　（2）吉服

　　吉服比礼服低一个等级，又被称作"龙袍"，是帝后喜庆节日等场合穿用的服装。龙袍主要穿着于节日和一些等级比较低的祭祀活动。清代的祭祀活动比较多，一般有大

图31 清代皇后貂皮嵌珠冬朝冠（故宫博物院藏）

图32 清人绘孝贤纯皇后半身像图屏

图33 皇帝吉服袍（龙袍）（故宫博物院藏）

| 图31 | 图32 |

图33

祀、中祀和群祀，最重要的大祀需要穿着等级最高的礼服，中祀和群祀穿着吉服。皇帝的吉服袍与皇后的吉服袍区别在于皇帝的没有中接袖，而皇后的有中接袖（图33、图34）。另外，他们的吉服开裾不同，皇帝的为四开裾，在前、后、左、右下摆处有四开裾，而皇后的是两开裾。其他款式都相同，但皇帝的吉服袍上还有十二章纹。

穿着吉服时，头上戴吉服冠，其形制比朝服冠简单许多，腰上有吉服带。主要在中等祭祀场合穿着，如祭祀先农。古代中国是传统的男耕女织社会，男人需要祭先农来解决吃饭问题。乾隆皇帝进宫时，头戴吉服冠，衮服里面可以穿着朝服，也可以穿着吉服，但因

图34 皇后吉服袍（龙袍）（故宫博物院藏）

为没有披领，所以里边一定是吉服（图35）。皇帝要解决百姓吃饭的问题，皇后要垂范于天下解决穿衣的问题，因此皇后要去祭祀先蚕。孝贤纯皇后率领后妃祭祀先蚕时，她们身穿的是吉服袍（图36）。皇后的吉服袍除了正行龙式的，还有八团形式的（图37）。

　　穿着吉服时，除了需要佩戴吉服冠，还要戴有满族特色的饰品——钿子，钿子通常用金属丝做框架，缠一些丝绒，并在上面插上簪子、流苏等作为装饰（图38）。清代的后妃特别喜欢点翠工艺，蓝色部分是用翠鸟的羽毛将其黏附在金属表面，它最大的特点是永不掉色，深受后妃们的喜爱（图39）。翠鸟一般生活在缅甸、中国云南一带，由于长期以来人类的大量捕捉，到如今翠鸟已经成为濒危动物。

图35 清代姚文瀚绘《紫光阁赐宴图》卷（故宫博物院藏）

图36 清代郎世宁等绘《孝贤
纯皇后亲蚕图》（局部）

图37 乾隆杏黄色纱缀绣八团
云龙女夹龙袍（故宫博
物院藏）

图38 铜镀金累丝点翠嵌珠石
凤钿（故宫博物院藏）

图39 青缎点翠钿子（故宫博
物院藏）

图36	
图37	
图38	图39

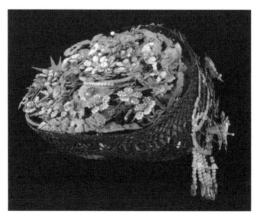

礼服与吉服的区别在于款式的不同。礼服为通身式，外观上有腰襕以示上衣下裳，而吉服没有。另外，礼服一定带有披领，而吉服没有。在纹样方面，不同服装衣身上的龙纹数量也不同。

（3）常服

常服，是在礼服与便服之间过渡的服装。宫廷生活中不仅有庄重、肃穆的场合，还有既不是特别庄重但又不是特别随便的场合，例如皇帝在文华殿与群臣讲经筵（指汉唐以来帝王为讲论经史而特设的御前讲席）时穿着常服，或是皇帝的祭祀期与斋戒期相遇，祭祀天地时需要穿着礼服，但斋戒期需要披麻戴孝，穿着越素越好，这时候产生了冲突，所以会穿着常服。常服的形制为马蹄袖、大襟、通身式，它的最大特点在于颜色，全身没有彩花，但又不是纯素，有暗花（图40）。暗花是通过织物组织的变化来显花，常服的巧妙设计解决了既对上天尊敬，又对祖先尊敬的矛盾问题。

康熙皇帝读书像，外面穿着常服褂，里边穿着常服袍，体现了清代袍褂不分家的服饰特征（图41）。雍正皇帝行乐图，头上戴常服冠，身穿常服袍（图42）。

图40

图41　图42

40　乾隆酱色暗花缎常服袍
　　（故宫博物院藏）

41　清人绘《康熙帝读书像
　　轴》（故宫博物院藏）

42　清人绘《胤禛行乐图像
　　轴》（局部）（故宫博物
　　院藏）

（4）行服

行服，是清代皇帝外出巡行、狩猎、征战时所穿的服装，包括行冠、行袍、行褂、行裳、行带五部分。形制与常服相同，其最大特点是右下襟好似缺了一块，但实际上没缺，又被叫作"缺襟袍"。在骑马时穿着，可以将下摆撩上去，系起来，便于上马。而在下马时，可以把缺襟放下来（图43）。行服为整套式的，上身有行服袍、行服褂，下身有行服裳，腰上佩有行服带。腰带左右两边垂下的细织带称作"帉"，朝服带的帉是用丝制作的，而行服带则是用棉布或者麻，较为粗糙，下端为平头（图44）。

（5）戎服

戎服，是皇帝参加军事活动时所穿的服装。清代统治者是靠骑射起家、建立政权的，他们对于骑射非常重视。即使平定天下，入关已久，他们依旧要把祖先使用过的铠甲完整地保留下来，顺治、康熙、雍正、乾隆都有他们的戎服。戎服中最为华丽的是检

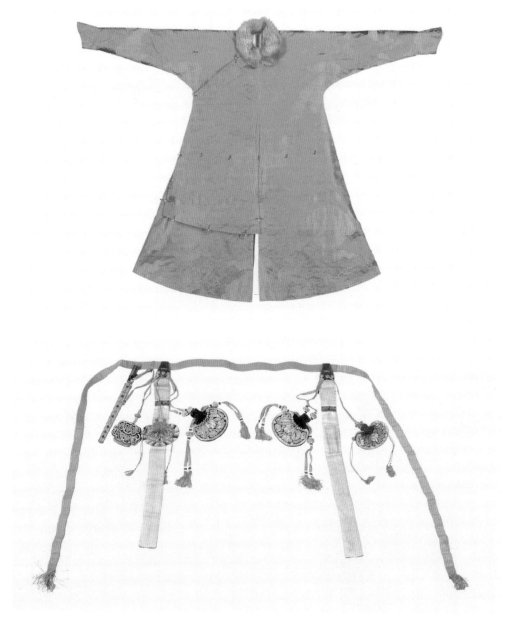

图43
图44

图43 康熙油绿色云龙纹暗缎绵行服袍（故宫博院藏）

图44 康熙行服带（故宫博院藏）

阅部队时穿着的大阅甲（图45），而著名的《乾隆皇帝大阅图》中皇帝身上穿着的铠甲被完整地保留了下来（图46）。

（6）雨服

雨服，是清代皇帝在下雨时所穿的服装。在《大清会典》中有记载，但是目前为止在博物馆和社会上没有见过雨服实物。因此推测由于雨服实用性较强，使用完也许被直接废弃。

（7）便服

便服，是清代帝后日常闲居时穿用的服装，包括便袍、马褂、氅衣、衬衣、坎肩、袄、衫、斗篷、裤等，其最大特点是形式繁复多样、颜色与纹样丰富多彩、穿着舒适宜人。

如果将礼服与吉服视为一种规定性服饰的话，那么便服是一种自选性服饰，可以充分体现宫廷后妃对美的追求。常服与便服最大的区别在于袖端的不同，常服是马蹄袖，而便服是平袖，除此之外完全相同（图47）。

图45　┌─ 图46
　　　　└─ 图47

图45　康熙明黄色缎绣彩云金龙纹绵大阅甲（故宫博物院藏）

图46　郎世宁绘《乾隆皇帝大阅图》（局部）（故宫博物院藏）

图47　乾隆蓝色暗花纱便袍（故宫博物院藏）

便服的种类非常多，黄袍马褂又称为"黄马褂"。而草上霜皮马褂是羔羊皮的，穿着非常舒适、保暖（图48）。在后妃的便服中，最常见的是衬衣和氅衣两种款式。衬衣一面开襟（图49），而氅衣是两面开襟，即左右开襟，且位置较高，通常开到腋下（图50）。衬衣可以穿在最外面，而氅衣可以套穿在衬衣的外面，但穿着氅衣时里边必须要穿其他的衣服。

便服的纹样特别多，如百蝶、葡萄纹、瓜瓞绵绵等，代表着婚姻美满、多子多福、长寿安康等吉祥寓意。而"兰桂齐芳"与慈禧有关系，慈禧的小名叫"兰贵人"，把兰花跟桂花放在一起，称作"兰桂齐芳"。凤纹在清代服饰中较少使用，后妃穿着的吉服也叫"龙袍"。清代晚期较为流行的服装叫"十八镶"，衣服主体面料很少，其余大量被镶边与镶滚所占据，大量地运用在边饰上（图51）。马褂是我们常说的长袍马褂，男女老少皆宜，只是在纹样上有所区别（图52）。大坎肩只有女性可以穿用，而小坎肩男女都可以穿。

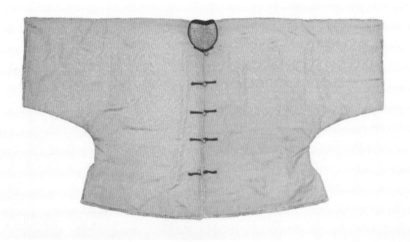

图48

图49 | 图50

图48 嘉庆明黄色暗葫芦花春绸草上霜皮马褂（故宫博物院藏）

图49 衬衣（故宫博物院藏）

图50 氅衣（故宫博物院藏）

图51　光绪茶青色缎绣牡丹女
　　　夹坎肩（故宫博物院藏）

图52　清代明黄色绸绣绣球花
　　　绵马褂（故宫博物院藏）

图51　｜　图52

二、清代宫廷服饰的文化内涵

1. 清代宫廷服饰所体现的等级制度

服饰反映的是等级制度，二十四史中记载改朝换代时，要改正朔，易服色，但万变不离其宗。除了实用性和美观性之外，服装更多的是体现政治意志的。等级在中国古代封建社会贯穿始终，因为它有利于统治者治理天下。而服装是外在的东西，可约束民众不得有僭越行为，使得社会秩序井然，有条不紊，有利于统治。宫廷服饰主要从衣服的五种元素——面料、款式、颜色、纹样和装饰物来体现等级。

在面料方面，等级越高面料越高级，例如，端罩中最为尊贵的是黑狐皮，产于俄罗斯西伯利亚高寒地带。根据研究表明，皮料从恰克图贸易进入京城需要三十多两银子，非常昂贵，而清代一品官员年薪仅有一百八十两。貂皮❶只要五两银子，再次一些的皮料仅需零碎银两，甚至更低。由此可见，通过价格可以反映面料的好坏，等级越高的人，穿着越昂贵的面料。

在款式方面，典制里面规定宗室及以上的人可以穿着四开裾，即下摆四开衩。而宗室以下的人，只能穿着两开裾，以此体现他们等级的高低。

在颜色方面，隋唐时期起明黄色开始作为等级最高的色彩，最为尊贵的人穿着明黄色，而清朝也将明黄色定为等级最高的颜色。只有皇帝、皇后、皇太后和皇贵妃可以穿明黄色的服装，无论是亲王、郡王还是皇子都不得穿有明黄色的服装。皇子可以穿着杏黄色，亲王、郡王、文武百官只能用石青色或者蓝色等颜色（图53）。从明黄色、杏黄色、蓝色等，等级依次递减。

皇太后、皇后、皇贵妃的朝袍颜色用明黄色；皇太子妃用杏黄色；贵妃、妃用金黄色；嫔、皇子福晋、亲王福晋以下用香色；贝勒夫人、贝子夫人以下至七品命妇，用蓝色和石青色。礼服和吉服都如此，等级从明黄色、杏黄色、香色、石青色依次排列。如乾隆皇帝的妃嫔顺嫔，从油画像中看到她穿着的衣服为香色，符合其身份等级（图54）。

❶ 水貂：国家二级重点保护动物。人工养殖的水貂其实并不属于貂类。——出版者注

服饰中的小块面料也可以来区分等级，例如皇太后、皇后、皇贵妃的彩帨用绿色，缘为明黄色；贵妃、妃、嫔的彩帨用绿色，缘为金黄色；皇子福晋、亲王福晋、固伦公主以下至七品命妇的彩帨用月白色，缘为金黄色（其中固伦公主的彩帨月白色，不绣花纹，金黄缘）；七品命妇以下则不得佩彩帨。如图55所示是皇后彩帨图样。

清代的服饰制度最终定型在乾隆二十九年和三十一年，乾隆二十九年《大清会典》颁布，乾隆三十一年《皇朝礼器图式》颁布。清初彩帨有月白色的，后来的典制并无记载。乾隆初期还有粉色的彩帨，但之后皇后的彩帨都为绿色。而服饰中看不见的部位，也需要用颜色来体现等级制度，例如皇帝穿在里面的裤子和袜子也需要使用明黄色，以体现皇权无处不在的尊贵与至高无上（图56）。

在纹样方面，它最能体现服饰等级制度，因为纹样多种多样、可以适应等级变化的

图53　石青缎绣五彩云蝠金龙朝袍（故宫博物院藏）

图54　顺嫔画像（乾隆三十三年封）

图55　皇后彩帨图样

图56　黄缎织金云龙袷裤（故宫博物院藏）

| 图53 | 图54 |
| 图55 | 图56 |

需求。纹样中等级最高的是十二章纹，出现在皇帝的朝袍上，体现了道德上的至善至美以及权势的至高无上，将天底下所有美好的纹样给予皇帝，也代表他的等级最为尊贵，不可僭越（图57）。

文官品一至九品的补子纹样分别是：一品仙鹤（图58）、二品锦鸡、三品孔雀、四品雁、五品白鹇、六品鹭鸶、七品鸂鶒、八品鹌鹑、九品练雀。武官一品至九品的补子纹样分别是：一品麒麟、二品狮、三品豹、四品虎、五品熊、六品彪、七品八品犀牛、九品海马。从名称上看，衮服、龙褂、补服，等级依次递减；从补子的形状上看，圆形补子的等级高于方形补子；从纹样数量上看，团纹越多，等级越高；从纹样内容上看，正龙高于行龙，龙高于蟒，五爪蟒高于四爪蟒，蟒高于飞禽和走兽，飞禽和走兽又分别以其珍稀和凶猛程度从高到低排序。

从如图59所示的这幅宫廷绘画中我们可以看到，乾隆皇帝的服装上有四团正龙，带日月两章，离皇帝越近的人身份等级越高，群臣前排两人都穿着四团龙，前胸后背、两肩都有龙纹样。龙的姿势和数量不同反映了身份等级的高低，穿两团正龙和两团行龙的为亲王，四团行龙的是郡王。排在郡王后面的人穿两团圆形补子，在前胸和后背各一团，共两团。贝勒的两团龙为正龙，贝子为行龙。排在贝勒、贝子后面的人补子开始变方，身份为镇国公以下，有些人甚至补子都没有，身份则更低。

在装饰物方面，等级高低按照珍贵程度排序，依质地从高到低依次是：东珠、红宝石、珊瑚、蓝宝石、青金石、水晶、砗磲、素金、镂花金。若同样都饰东珠者，则以东珠的数量多少来区分等级高低，从皇帝所饰十六颗，到皇子、亲王的十颗，郡王的八颗，贝勒的七颗，一直递减至文武一品官的一颗。后妃的装饰物更为繁复，冠上的珍珠有数百颗，等级高的人可佩挂三盘朝珠，材质更好，而等级低的人佩挂少，质量次一些。

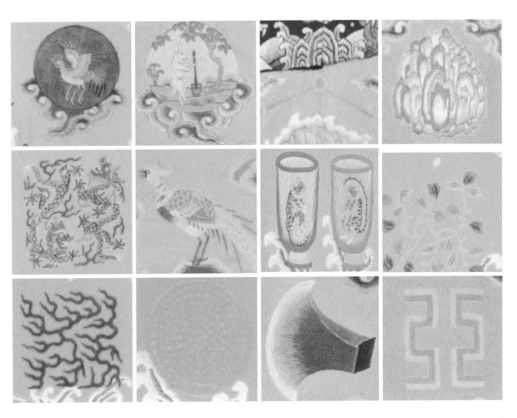

图57　十二章纹

图58 道光朝文一品石青地绯
　　　金仙鹤补服（故宫博物
　　　院藏）

图59 郎世宁等绘《弘历观马
　　　技图像横轴》（局部）
　　　（故宫博物院藏）

图 58
图 59

诸如此类的等级规定不胜枚举，清代统治者通过这些对服饰等级的规定与限制，确立了自帝王至普通官员服饰外观的等级差别，形成上下有别、尊卑有序的严格的等级关系，从而达到"辨等威，昭名秩"的统治目的。

2. 满、汉文化的相互影响与融合

（1）清代宫廷服饰中保留的满族服饰特点

首先，清代宫廷服饰中最明显的是保留了满族服饰特点。满族起源于东北地区，人口有一百多万，加上蒙八旗、汉八旗，仅有四十万兵力。但他们的对手是拥有一亿两千万人口的明朝，从人数上看满族是弱小的，但满族人依靠骑射战胜了兵力强盛的明朝统治者。在冷兵器时代，骑射具有先天的优势，夺取政权之后，他们吸取了前朝（金代、元代）的教训，少数民族入主中原，需要保持本民族的优势才能长治久安地统治。入关以后，满族统治者非常重视骑射，制定了许多与骑射相关的制度，如木兰秋狝（秋季打猎）等，以保持满族人的战斗力。

满族人将其优势设计到衣服上，通过服装竭力地维护本民族特色。满族来自东北地区，在面料上大量使用产自高寒地带的皮料。一方面，皮料保暖满足其实用性需要，另一方面，强调不忘先祖。其中帽子、端罩、朝袍的披领和边都使用皮料。清代统治者从皇太极、顺治、康熙、雍正、乾隆都非常强调骑射不能更改，一定要世世代代地保存下去。

清代统治者重视骑射，将骑射文化元素设计到了衣服上。比如披领在关外起到遮风、避寒的作用，入关之后依然保留了这样的设计。清代朝服的袖子像马蹄一样，把弓元素设计到服装中，缺襟袍的设计也非常巧妙，但只有在骑马射箭的时候穿着。

皇帝腰带上需要系大量的荷包，它源于东北的行囊。猎人们花费较长的时间在外面打猎，行囊不是为了美观，而是为解决他们吃饭的问题，为生存起到重要的作用。清军入关，建立王朝，天下太平，满族人不忘旧俗，把原先的行囊变成行服带上的荷包，体现了他们不忘关外旧俗的精神思想，荷包的样式也非常多（图60）。

清朝时期，满族妇女与汉族妇女的不同之一在于，满族妇女不需要缠足，穿着高底鞋（图61）。关外的东北地区冬季雨雪较多，为了避免雪水对脚的伤害穿着高底鞋，体现出鞋子的实用性，而进关之后保留了本民族特色。

（2）清代宫廷服饰中的汉族传统服饰文化因素

汉文化是中国的传统文化，清代宫廷服饰除了保留了满族服饰特征外，还结合了汉族的服饰文化特色。满族是非常聪明的民族，入关得天下后，并没有马上治天下，而是吸收了大量的汉文化。清代皇帝的汉文化水平都很高，有些水平远在汉族大臣之上。满

图60　光绪明黄色缎绣太狮少狮百鸟朝凤荷包（故宫博物院藏）

图61　光绪月白色缎绣花卉料石花盆底鞋（故宫博物院藏）

图60　｜　图61

族主动地吸收汉文化，在清代的宫廷绘画中，出现了很多皇帝穿着汉服的场景，以宣扬统治者入主中原的天经地义。在借鉴汉文化的同时，也保持着满族的传统文化。

清代满汉文化交融，汉族人民的风俗也深深地影响了宫廷，尤其是宫廷女子对美的追求，传统汉服的褒衣博袖正好迎合了她们的喜好。清代服饰中的马蹄袖受到汉服袖口的影响，早期马蹄袖口只有十七、十八厘米，后期有时达到三四十厘米，尤其到了嘉庆和道光年间，宫廷后妃们的马蹄袖特别夸张，甚至有七八十厘米。但这与她们的祖训相违背，于是嘉庆皇帝和道光皇帝下令限制汉俗的出现，后续也都慢慢改正。清代晚期即使袖子宽大，也没有像之前那么宽大了（图62）。

清代宫廷服饰在款式上也有汉服元素的存在。清代等级最高的礼服从外观上看是上衣与下裳两截式的，这种两截式服装含有礼制成分。中国古代衣服起源之时，《易·系辞下》说："黄帝、尧、舜垂衣裳而天下治，盖取诸乾坤。"衣代表天，裳代表地，衣与裳的关系就相当于天尊地卑。自然界中如此，同时人类社会也有着严苛的尊卑贵贱的等级，用上下等级来维护帝王统治。服装中的上下也有着等级秩序的含义，上为天、天则尊；裳为下、下为地，地则卑。天子为上，庶民为下。将这种上下关系处理好，寓意着天下能有很好的治理，所以把上衣下裳纳入了清代等级最高服饰中。在任大椿《深衣释例》中有这样一句描述："古以殊衣裳者为礼服，以不殊衣裳者为燕服。"通身式的服装是闲暇时候穿的衣服，这种通身式的服装没有两截式服装等级高，但也很好地继承了中国传统服饰文化。

"古礼服必有袅，惟袅衣无袅。"掩襟有很深的礼制成分，有无掩襟是礼制与随意的区分，只有礼服才有。袅服无袅，袅服指的是内衣，穿在里面的衣服，单层，不需要掩襟。衣服上所有的披领、袖边等边缘都有华美的勾连纹织金缎镶边，古有云："布做衣，锦为缘"，即使衣服的面料很差，但是边缘一定要用等级高的锦来镶边。衣衫褴褛，其中"褴褛"指没有边、很破败的衣服，意指缺乏礼数，而有了边就有了礼的文化。

图62 道光大红色缂丝彩绘八团梅兰竹菊纹夹袍（故宫博物院藏）

　　皇帝礼服中右下角的方块在典制中称为"韨",但这个韨与汉服中的左衽和右衽是不同的概念,是古代帝王等级最高礼服上蔽膝的缩小版(图63)。古代帝王冕服中一定会设置蔽膝,人类进入文明社会后,与动物的最大区别在于知道羞耻,知道遮前蔽后。因此,衣服起源时便有了遮前蔽后的目的。古代帝王将这种样式应用于礼服,除了遮前蔽后的实用功能外,还有重古道、不忘本的象征意义,也有别尊卑、章有德的政治作用。虽然清代把中国历朝历代褒衣博袖的服饰做了重大的改革,但其中较深的汉文化内涵并没有被丢弃,例如蔽膝虽然不像古代面积那么大,但还存在。《礼记·礼器》载:"礼也者,反本修古,不忘其初者也。"人类社会无论发展到什么程度,最初的、本质的文化不能修改,都需要在服饰中体现。

　　宫廷后妃服装上的彩帨不但起到美化作用,还有更为深刻的文化寓意。清朝皇后作为国母要垂范于天下,服装上需要有代表贤良淑德传统文化的装饰物在身上。彩帨,古称"帨巾",采于古制,《礼记·内则》记载:"子生,男子设弧于门左,女子设帨于门右。"结缡,又作"结褵""结帨"。古时女子出嫁,母亲亲自把帨巾结在女儿身上,申戒至男家后须尽力家务,以寓意女子需贤良淑德。

　　在服饰颜色上,清代服饰典制中规定明黄色只有帝、后才可使用,其他人不得僭越使用。实际上,这种尊崇黄色的做法是中国古代传统文化色彩观的一种反映。早在《周易·坤》中,就有关于黄色为吉利之色的记载,如"黄裳,元吉"。《汉书》也说:"黄色,中之色,君之服也。"按我国传统的"五行"思想来解释,"五行"中的"金、木、水、火"分别代表"西、东、北、南"四方,"土"居中央,统率四方,而土色为黄。皇帝是中央集权的象征,把黄色用于皇帝衣饰,则象征皇帝贵在有土,有土则有天下的至高无上的权威。因此,中国古代很多朝代都以黄色为贵,自隋唐以后,黄色成为皇帝服装

图63　朝袍中的蔽膝(故宫博物院藏)

的御用色。

此外，清代帝王穿着礼服时，内袍外褂，褂又称为"衮服"，其颜色为石青色或玄色，玄色为天未明时天空的颜色。上身玄色，下身露出一些黄色，即天玄地黄，很好地体现了天地自然的和谐关系。同时服装上还有日月星辰等纹样，寓意苍天幽黑，大地灿黄，天道高远，地道深邃。上下四方，古往今来，茫茫宇宙宏阔深远。太阳东升西落，月有阴阳圆缺，满天星辰布列在无边的太空。玄色在清代帝王的婚服上也有体现，即使是大红色、纹样精美的吉服袍，外面也得穿着石青色的吉服褂，以示尊贵。

清代的四色朝服，皇帝作为祭服使用，有明黄色、蓝色、红色、月白色四色，这也是中国古代传统文化色彩观的一种反映。天子是天下一统的象征，所以代表天下各方的颜色也要在天子最高等级的礼服中体现。在中国古代，"万物有灵"是一个普遍存在的思想观念，天、地、日、月等被认为具有超自然的力量，而天时、地利、人和又有着必然的联系。人间天子与自然诸神有一种认同关系，因而在举行与自然诸神相沟通的祭祀活动时，天子所穿祭服的颜色要与祭祀对象一致：冬至祭圜丘坛用蓝色以象天，夏至祭方泽坛用明黄色以象地，春分祭朝日坛用赤色以象日，秋分祭夕月坛用月白色以象月。皇帝祭服的颜色与所祀对象的颜色一致，其意在感应天人，使天、人之间无阻绝。象征皇帝由此取得了神的特性和授意，达到了天人感应和天人合一的境界，从而在臣民心目中起到进一步强化"君权神授"观念的作用。

在清代帝王服饰纹样中，龙是无所不能的神奇存在，并且被大量运用到服饰中。其中，皇帝的朝袍上装饰龙纹达到四十三条。龙纹也是中国古代帝王使用的专有纹样，表达"真龙天子"唯我独尊、至高无上的政治权威意义。皇帝龙袍上装饰龙纹九条，由于"九"之数在中国古代为阳数之最，是礼制等级中最高的一等，因此"九龙"也就成为皇帝的象征。《周易·乾》："乾元用九，天下治也"。表明"九"之数为纯阳全盛，具有至高美德，用"九"则天下政治安定。此外，这九条龙在全身的分布十分巧妙，由于肩上的两条龙从前后身均可看到，故穿上龙袍后无论从正面还是背面看都是五条。龙袍全身实际装饰的龙纹总数为九条，而在前后身的任何一个方向只能看到五条龙，龙纹数量巧妙地暗含了"九、五"之数，完全符合《周易》中天子为"九五之尊"的说法，以此借指帝王之位或为帝王的代称。

十二章纹，从周代开始运用在帝王服饰中。清朝初期顺治、康熙年间朝服上还没有十二章纹，而到雍正时期开始使用这种纹样，但这个时期还是两两相对的六章纹样，后期乾隆皇帝把十二章纹全部纳入朝服中。光绪《大清会典事例》卷三二八《礼部·冠服》记载，乾隆帝言："如本朝所定朝祀之服，山龙藻火，灿然具列，悉皆义本礼经。"寓意清代帝王服装上的十二章纹是中国传统礼制文化中的内容，被纳入清代服饰中。

朝服中还有柿蒂纹，并且将龙纹、海水江崖纹、日月纹与其融合。在唐人段成式的《西阳杂俎》中，就有著名的柿树"七绝"之说。"七绝"即：一多寿、二多荫，三无鸟巢、四无虫蠹、五霜叶可玩、六佳实可食、七落叶肥大可以临书。此外，《西阳杂俎》载："木中根固，柿为最。俗谓之柿盘。"寓意坚固结实，江山永固。因柿树有"事（柿）事（柿）如意"和"世（柿）世（柿）平安"的寓意，同时与海水江崖纹、缠枝莲纹等纹样组合，寓意江山社稷可以世代传承、江山稳固。由此可见，清代服饰纹样众多，遵循着图必有意、意必吉祥的规范，其中承载了许多汉文化。

小结

清代宫廷服饰汲取了中国传统的汉文化，但其本质没有发生改变。外在的纹样与颜色借鉴了中国传统汉文化元素，但清代服饰中披领、马蹄袖等满族传统文化元素的保留，体现了满民族的特色。因此，清代服饰很好地融合了满族与汉族两个不同民族的优秀文化，是中国传统文化和谐交融的典范。

贾京生 / Jia Jingsheng

1986年毕业于南京艺术学院，1989年毕业于清华大学美术学院（原中央工艺美术学院）并留校任教。现任清华大学美术学院长聘教授、博士生导师、印染实验室主任。全国艺术科学规划项目专家库专家，教育部人文社科项目评审专家，教育部学位与研究生教育发展中心博士论文评审专家，教育部艺术类新专业网络评审专家等。

主持完成国家社科基金艺术学项目1项，国家社科基金后期资助项目1项。主持完成北京社科基金重点项目1项。主持完成清华大学艺术与科学研究中心柒牌非物质文化遗产研究与保护基金项目3项。专著《中国现代民间手工蜡染工艺文化研究》，2015年获全国第七届高等学校人文社会科学"艺术学"优秀成果三等奖（著作奖）。

非遗中的精神·智慧·审美
——以西南少数民族服饰与工艺为例

贾京生

感谢刘元风教授的介绍,非常有幸能够受到北京服装学院敦煌服饰文化研究暨创新设计中心的邀请进行本次讲座。我今天的讲座题目是《非遗中的精神·智慧·审美——以西南少数民族服饰与工艺为例》。一般来说,非遗是一个研究范围非常广泛的学科,既包含语言学中的口述史,又涉及工艺技艺、生产生活等多方面。另外,从研究对象来说,又可分为城市非遗和乡村非遗;汉族非遗和少数民族非遗等,其涉及的对象、范畴不同,具体的研究内容与方法也不一样。今天,我将非遗这个大概念聚焦到一个小的问题,即西南少数民族的服饰与工艺上。

我认为,非物质文化遗产、物质文化遗产以及文化遗产都是相互关联的,其内在原则和规律在一定程度上是相通的。目前研究非遗和人类学的课题名目繁多,当今社会正处于一个"非遗热"和"人类学热"的现象中。但在这些"热"现象背后,我们更应该理性全面地看待这一社会现象,否则对非遗的研究和关注点就会出现遗漏。在此本人就自己的感受来向大家做一些分享,讲座的内容主要分为以下四个方面:非遗与物遗的概念、非遗中的造物精神、非遗中的艺术智慧、非遗中的生活审美。

一、非遗与物遗的概念

1. 物质文化遗产

物质文化遗产是近二三十年提出的概念,在其提出之前,人们笼统地使用文化遗产这一概念。实际上,文化遗产包括物质文化遗产和非物质文化遗产两部分。

物质文化遗产又称"有形文化遗产",是指看得见、摸得着,有具体形态的文化遗产,即传统意义上文化遗产。物质文化遗产体现在生活中衣、食、住、行、用等多个方面。根据《保护世界文化和自然遗产公约》,物质文化遗产包括历史文物、历史建筑、人类文化遗址,如敦煌莫高窟、周口店北京人遗址、西安秦始皇陵及兵马俑、北京故宫等,均属于物质文化遗产的范畴。而物质文化遗产的生成缘由、制作过程、工具材料、工艺程序等,则涉及非物质文化遗产的内容。

2. 非物质文化遗产

非物质文化遗产又称"无形文化遗产",简称"非遗"。《保护非物质文化遗产公约》（2003年联合国教科文组织颁布）中规定，非物质文化遗产是指那些被各地人民群众或某些个人，视为其文化财富重要组成部分的各种社会活动、讲述艺术、表演艺术、生产生活经验、各种手工技艺，以及在讲述、表演、实施这些技艺与技能过程中所使用的各种工具、实物、制成品及相关场所。

西南地区部分少数民族通过口传身授的方式来进行文化传承。一方面，由于一些少数民族没有文字，只有语言，他们只能将其民族的历史文化通过技艺这种非物质文化遗产的方式记录到服饰的图案上进行文化传承。传统技艺和服饰作为非物质文化中的一部分，在少数民族人民的生活中是非常重要的组成部分。如图1所示，黄平蜡染技艺是一项国家级非物质文化遗产，蜡染作品中动植物图案丰富，图案造型严谨、构图对称精美。另一方面，他们也通过语言代代口耳相传，通过传唱古歌、神话传说等仪式活动进行文化传承。

在联合国教科文组织颁布的公约中可以看出，非遗的概念是包含具体边界和要求的。《中华人民共和国非物质文化遗产》中规定，非遗包括：第一，传统口头文学以及作为其载体的语言；第二，传统美术、书法、音乐、舞蹈、戏剧、曲艺和杂技；第三，传统技艺、医药和历法等；第四，传统礼仪、节庆等民俗；第五，传统体育和游艺以及其他非物质文化遗产。根据以上规定，将非遗进行简单的概括和分类——文学艺术类、工艺技术类、节日仪式类，并且非遗的完成需要一个时间过程。

故对于非物质文化遗产的界定，应体现在以下几方面：

①时间的限定：在历史上流传至今至少经历100年。

②传承形态、原生程度上应有限制：必须是以活态形式传承至今。历史上已经消失，后来人为恢复的不能算非遗。

③在品质上应有限定：必须是精湛、典型并且巧夺天工的技艺。

图1　贵州黄平亻革家蜡染
　　（贾京生摄）

3. 物遗与非遗的关系

概括来说，非遗是因、本、源；物遗是果、末、流。也就是说，没有非遗之因，就没有物遗之果，这是一个逻辑关系，因为"因、本、源"的重要性，所以国家特意强调要保护、传承、振兴非物质文化遗产。

物质文化遗产是由非物质文化遗产创造的，即工艺技艺之果，非物质文化遗产所形成的物质文化遗产是有形的、物质的、可见可触的。物质文化遗产具有物质性、不可再生特质，保护物质文化遗产，是见物、不见人，故保护难度大。而非物质文化遗产具有非物质性，是看不见、摸不着的，其作为一种知识、技艺，存在于非物质文化遗产传承人的头脑中，具有可再生的特点，不但能够复制，同时还可以越做越好、越做越精。但是非遗是具有一定前提条件的，即非遗传承人、传承技艺必须要存在，因此保护非物质文化遗产，是见物、见人又见技艺，其比之物质文化遗产保护难度更大。

非物质文化遗产所形成的物质文化遗产成果是多样的、个性的、精美的、经典的。例如，在梭戛苗人中存在这样的观念——发髻越高越大，祖先赐予的保佑就会越多。正是由于这一观念存在，梭戛苗人的高发髻形态得以存在并传承，梭戛苗人相信头顶上的高发髻是敬奉祖先最合适的地方，这一观念也伴随梭戛苗人的一生并不断传承下去。

现在所谓的"非遗"展览，展出的更多是有形的、物质的、可见可触的物质文化遗产，这其实走入了一个误区，应当更多地将视线聚焦在物质文化遗产的产生过程和活态传承。同样，非遗在产品开发、活化创新中，要将有形的元素、结构、形象、风格等进行应用，进行有形的解构、重组、综合、创新等。

二、非遗中的造物精神

无形的精神能够左右有形的形态，我们在传承守正、活化创新、产品开发应用的过程中需要秉承非遗中的造物精神。造物精神主要有四点要求：执着一生、追求极致、敬物惜物和文化传承。这四个方面在一些西南少数民族中能够较好体现。

1. 执着一生

执着一生，意为一生只做一件事——个人一生一世传承、家族代代坚守传承、族群世代生活传承，在个人、家族、族群中培养一生追求的工匠精神。在中国西南少数民族中，依然存在族群传承这种执着的工匠精神，如制作一件黑领苗的盛装小花衣，至少需要4个月的时间。牯藏节是黔东南、桂西北苗族、侗族最隆重的祭祖仪式，牯藏节有小牯、大牯之分。小牯每年一次，大牯一般13年举行一次。牯藏节中人们穿着的大花衣，需要经过织布、染色、手工绣花等工序，需要12个月将其制作完成。从以上这些盛装的工艺程序和时间长度中均能体现出少数民族手工制作者的工匠精神。

2. 追求极致

追求极致意味着专心致志、不浮躁的敬业态度——在工艺上追求极致精细，艺术上追求极致精美，生活上追求极致经典。

贵州省榕江县是中国文化艺术之乡，其苗族刺绣、苗族蜡染、苗族百鸟衣等民间技艺均被收录进国家或贵州省级非物质文化遗产名录。杨秀芝是乌吉苗寨非遗传习所中的一名绣娘，绣制一件百鸟衣，要花费她两年时间（图2）。由此可见，百鸟衣的制作工艺十分精细，并且从设计学角度来看，它也是一件非常精美的作品，色彩搭配巧妙丰富，具有节奏感。这种精美、经典的艺术作品是在世世代代传承过程中打磨而形成的。

3. 敬物惜物

敬物，意为敬畏大自然的原材料，敬畏祖传的工具与制作工艺，敬畏祖传的图案造型，敬畏祖传的服饰使用制度，对一切都带有敬畏之心。惜物在少数民族手工艺中也有所体现：一些少数民族织造土布的幅宽都很窄，制作服装一般通过拼合的方式，这样避免浪费剪裁不了的材料。这种敬物惜物的造物思想，节约自然资源的理念，是祖先留给我们非常宝贵的财富。

4. 文化传承

坚守族群文化传承，意味着敬畏祖先、遵从祖制。一个民族在发展的过程中逐渐丢掉了自己的"家谱"，忽略了衣、食、住、行、用的传承，逐渐穿"别人"的衣，导致千人一面，缺少本民族个性；吃"别人"的饭，培养别族的食物习惯；住"别人"的屋，形成千城一面的城市面貌；用"别人"的价值观，导致在学术研究领域不自信，这是比较可惜的。在发展过程中，我们应该穿自己的衣、吃自己的饭、住自己的屋、走自己的路、用自己的价值观。

西南地区一些少数民族在衣、食、住、行、用等方面都能够明显地体现出族群历史、支系族谱、家族血缘的传承。比如，部分少数民族服装可以分为儿童装、未婚装、已婚装、老年装，这种服装的差异传达出爱护儿童、显示婚姻状态和尊重老者等文化

图2　百鸟衣（榕江县杨秀芝花
　　　费两年时间绣制）

内涵。少数民族服装的识别性极强，表达出人与社会"明伦理"的观念。对外能够表达族群身份、男女性别、老少年龄和婚姻状态，对内能够体现出长幼有序、尊祖重礼、血缘之情等。社会秩序、伦理传承在少数民族生活方式中的表达是清晰明确的。

黄平县位于贵州省东南部，黔东南苗族侗族自治州西北部，贵州亻革家婚俗以其古老神奇的婚俗形式成为众多民俗文化中不可多得的文化奇葩。亻革家人结婚时，女方家要自备新娘所穿的盛装，盛装有3套、5套、7套、9套之分，分别具有不同的含义，其中3套的婚服包含头饰3件、上衣3套、下裙3套、绑腿3套。新娘的三层结婚盛装最里层是外祖母留下的服饰，中间层是母亲留下的服饰，最外层是自己制作的服饰，很好地体现了家族传承。尽管当今亻革家人婚俗中加入了一些现代化婚俗习惯，如西式求婚、接亲车队等，但亻革家人传统的婚俗文化在整个婚礼中依然占主导地位，他们依旧坚守着族群文化的传承。

三、非遗中的艺术智慧

非遗在少数民族传承活化的应用中体现出很多艺术智慧。首先要知晓非遗中的艺术智慧是什么，有哪些值得尊崇，哪些需要坚守，才能将其发扬光大。

1. 因地制宜的生态保护

少数民族防染制作的工具、材料、工艺，以及成品的使用与舍弃，都体现着生态环保的智慧，如工具中的各式竹签、蜡刀，以及材料中的防染剂（图3）。尤其值得一提的是植物染料蓝靛，这是一种用之有利于自然、弃之消融于自然的染料。少数民族蜡染所用的染料通常都是从马蓝、木蓝、蓼蓝、菘蓝这些植物中提取出来的天然蓝靛。还有一些少数民族利用更特殊的方式来提取自己所需的防染剂，例如白裤瑶族女装的服饰就是利用独特的蜡染技术完成的。他们蜡染所用的防染剂是从一种当地人称为"粘膏树"的特殊树木中提取的。白裤瑶人用钢刀或者利斧砍凿粘膏树，收集树木分泌的黏液，再加入牛油进行熬炼而形成粘膏，作为他们进行蜡染工艺的防染剂。制作者

图3　因地制宜的制作工具（京生摄）

们利用简陋的工具、低廉的材料和简单的工艺，进行巧夺天工的设计表达，展现了少数民族的环保观念以及服装制作工艺中因地制宜的艺术智慧。

2. 因地制宜的生态利用

西南地区的少数民族能够很好地营造绿色生态系统，依靠生产智慧与居住智慧生活在山地与梯田中。经过千百年来的开垦，营造多元的生态系统循环。他们通常将村寨建在向阳、有水、有林，海拔1000～2000米的山腰，在寨下依地势种植层层梯田，河流绵延至河谷，再升腾为水雾凝结为雨，森林降雨治水后再流入村寨灌溉梯田或流进河谷，形成森林—村寨—梯田—河谷整个良性循环的生态系统，实现人与自然高度协调的可持续发展。

3. 因地制宜的生态农业

在西南地区存在梯田与种植、种植与养殖、养殖与生存为一体的绿色生态农业，比如稻鱼共生生态循环系统，是山地梯田可持续农业发展的典范——鱼撞击稻禾，稻飞虱掉下成为鱼食，鱼类排泄物再养地，形成食物链模式。同时，鱼身上分泌黏滑物质可控制水稻纹枯病，减少农作物对化肥农药的依赖。以稻养鱼，生态互利，实现稻鱼双丰收、种植业和养殖业共赢的局面，这是一种有机结合、资源复合型利用的生产模式，能够保证农田生态平衡、生态循环以及可持续种植。

4. 因地制宜的生态居住

西南地区少数民族在住宅选址中也体现出巧妙的生存智慧。苗族村民会预先在准备建房的土地上丢置苞谷或黄豆，并择日进行查看。若苞谷或黄豆数量减少了，视为可建房；若苞谷或黄豆数量没有减少，则视为不能建房。若准备建房的地方白天没有飞鸟，黑夜没有耗子，则说明此地没有生命迹象，不能建房。另外，苗族人民的住宅和粮仓通常处于分离状态，比如白裤瑶族的禾仓文化，白裤瑶民族的传统建筑非常具有特色，而且他们独创了一种储粮的粮仓——用方形、锥顶、四根木柱进行支撑，能够防火、防震、防潮、防鼠，同时还可以提供休息场所，体现出白裤瑶族人民的生存智慧。

四、非遗中的生活审美

在西南地区的少数民族服饰与工艺中，还能够体现出生活审美的内容。非遗美的核心，也是文化的核心，是由于他们敬畏祖先、遵从祖制、传承守正的理念，不忘初心，才致使千百年来特色图案纹样的延续。

1. 服饰文化：奇特多样之美

无论是苗族、瑶族、侗族还是畲族，都是同源共祖、多元一体的，由于历史脉络、生态环境或是文化传说的差异，形成少数民族奇特、丰富、多样的服饰。

传说苗族各房族原是"同支共族"，所有的房族穿着同一种服饰。在迁居过程中，由于饥荒等自然灾害的影响。于是议定各房族分开，各自去找栖息地生活。十三年之后再回到这里追宗认祖。临别之际，两位老人因服饰相似，分辨不清自己的孩子而发生争斗。人们为避免再次发生混淆，议定各房族自作服饰，形成各自的服饰特色：居住于高山的房族为方便爬坡上坎穿着短裙；居住于半山腰的房族，裙长超过膝盖；居住于平坝河边的房族，裙长至脚背；居住于森林中的房族，为避免野刺、野草攀挂，穿着前后两片裙。可见，服饰与民族生存环境有着密不可分的关系，生态环境不同，服饰款式也会形成差异。苗族堪称"服饰大族"，其服饰的"款型库"，既有内容的丰富多彩，也有形式的奇特多样。例如，贵州四印苗是苗族中颇具服饰特色的一个支系，如图4所示。

少数民族服饰研究，其历史脉络呈由少到多的趋势，这与它形成的支系也具有相关性。苗族服饰的多样性，在世界2000多个民族中都是罕见的。中国古代文献中包含一些对苗族支系脉络的描述：明代《大明一统志》中称贵州苗人有13支，清代田雯所撰的《黔书》中称苗人有29支，乾隆《贵州通志》中列举苗族有42支，清代画师陈浩的《蛮苗图说》中认为苗族有82支，清末日本学者鸟居龙藏的《苗族调查报告》记载苗族的服饰有上百种……虽然古代文献记载的数据不尽相同，但是可以从这些不断增长的数字中看出苗族的支系是很多的。现代的一些出版物中也对苗族服饰的种类进行了考察，《贵州少数民族民间美术》中统计苗族有130多种不同的服饰，其中贵州境内就能够达到100种左右，吴仕忠《中国苗族服饰图志》中统计苗族有173种服饰。

2. 服饰结构：识别凝聚之美

少数民族的服饰结构能够体现出识别凝聚之美，不仅仅是形式上的观照，还体现内容中蕴含的深意。比如白裤瑶的服饰文化就具有这种特征：白裤瑶是瑶族的一个支系，因男子都穿着及膝的白裤而得名。白裤瑶的服装结构与样式具有强烈的识别性以及民族凝聚性。白裤瑶男子盛装结构从整体来看是仿照白腹锦鸡，衣服的脚是鸡的尾巴，两边是鸡的翅膀，白裤的膝部绣有五条红色花纹。女装整体为蓝色及膝的百褶裙搭配上衣，上衣分为前后两个部分，肩膀处缝合，两侧不缝合，因这种上衣结构，白裤瑶又被称为"两片瑶"。女子上衣前面部分为蓝黑色，没有图案，后面部分有方形或井字形状的几何纹样，称为"瑶王印"，这些都与民族历史传说有十分密切的联系。相

图4　贵州四印苗（贾京生摄）

传土司与瑶族素有矛盾，斗争激烈，其中一段是"土司骗取瑶王印章"的传说：土司用计骗取瑶王印章，瑶王带领民众反抗，在战斗中瑶王负伤，在战败退走途中双手十指在裤腿上留下了十条血红的手指印，死前在自己的衣服上绘出瑶王印的图案。后来，瑶族民众为了纪念瑶王，便在男子裤装上绣上红色条纹，女子的衣服背面绣上瑶王印的纹样，图案色彩鲜艳，对比强烈，反映了白裤瑶的社会历史在服饰文化中的沉淀。

3. 服饰图案：千变万化之美

少数民族的服饰图案的题材、主题和样式，体现出少数民族人民高超的智慧以及少数民族工艺品的艺术魅力。观者可以从少数民族的蜡染、刺绣等服饰图案中看出手工艺者大师级造型、色彩、构图、工艺的功力和神奇的想象力。贵州省台江县施洞镇有一种刺绣技艺叫作"破线绣"（图5）。这是平绣中极为特殊的一种，与其他刺绣技艺的区别在于其将彩色的丝线破分成4~8股不等，再以平绣的针法进行刺绣，制作一套完整破线绣作品需要4~5年时间。

在服饰图案元素中，龙图案是出现频率最高、造型变化最丰富的符号系统，特别是苗族服饰图案中形态多姿、种类多样的"龙群"，具有鲜明差异性和不确定性。

在苗族文化中，龙是最大的神灵形态。"最大"，一指包罗万象，二指最有能力，无所不能。龙的名字有牛龙、狮龙、猫龙、虎龙、鸟龙、马龙、象龙、蛇龙、蚯蚓龙、虾龙、鱼龙、泥鳅龙、蚕龙、猪龙、穿山甲龙、螺丝龙、树龙、花龙、麒麟龙、狱狃龙、饕餮龙等几十种。龙的造型也是千变万化，有人首蛇身龙、人首鱼身龙、鱼身鹿角龙、人首鸟身龙、人首田螺身鹿角龙、蚓身牛角龙、蚕身牛角龙、象神鹿角龙、猪身鹿角龙、蛇身蜈蚣头花树尾龙、狮身鹿角龙、虎身牛角龙、狗身牛角龙、蜈蚣头蚓身龙、蛇身猫头龙、蛇身鸟翅龙、鱼身鸟翅龙、鸟身飞龙等，形成了苗龙的庞大体系。水龙、旱龙各一半——水龙有水牛龙、猪龙、鹅龙、鸭龙、鱼龙、蛤蟆龙、船龙、泥鳅龙、乌龟龙、蛇花鱼龙、蛇龙、网龙；旱龙有人龙、鸡龙、羊龙、狗龙、虎龙、马龙、斑鸠龙、燕子龙、蜘蛛龙、椅子龙、轿子龙、撮箕龙。不仅种类繁多，而且在苗族人民的思想观念中，不同的生活场景可以对应不同龙的形态——要吃饭，有"牛

5　施洞苗族破线绣（贾京生摄）

龙"；要吃肉，有"猪龙"；要穿衣，有"蚕龙"；要跳舞，有"鼓龙"；要力气，有
"象龙"；要避邪，有"蜈蚣龙"；要安全，有"蜘蛛龙"；要光明，有"公鸡龙"，堪称
洋洋大观，是龙图案的集大成者。

4. 服饰工艺：巧夺天工之美

西南少数民族在非遗传承中表现出特有的审美价值观与个性，通过服饰来表达其
物质追求与精神，以数量上的积累和体态上的扩张，表达自己的价值满足感，包含四
个方面：以大为美、以重为美、以多为美、以巧为美，主要功能是亮家当、炫富有、
彰德行、比技艺。

（1）以大为美

在西南少数民族的审美价值观中，首先就是"以大为美"，这在他们的头饰中最为
典型。呈倒三角的发髻，是普定、织金、六枝交界处的苗族最具有代表性和特色的符
号。他们的发饰是在头上先插一把2尺余长的木梳，木梳如扁担般挑着"∞"形的大发
髻，发髻中掺了重达1500克的假发，当地人称之为"戴角"（图6）。这个大发髻也掺杂
了先辈们的头发，一代代流传，一个发饰可能包含数代甚至数十代人的头发。

（2）以重为美

西南少数民族以重为贵、富、美。节日盛装中银饰必不可少，它是财富、地位的
象征，他们以银饰华丽程度、重量多少来论财富、拼审美。

台江施洞苗族姑娘在节日时，会穿着20公斤左右的银饰——头部银饰18种，包含
银角、银扇、银簪、银梳、银钗、银冠、前围、后围、银帕、银耳饰等；颈胸银饰13
种，其中8种是项链；手部银饰17种，其中14种是手镯，全套女银饰还包括多片浮雕
银牌和多串响铃。从银饰的种类中就能够看出其重量之大，少数民族以多为美，从而
表现出生活的富裕。女子盛装出嫁时，将一套最隆重的盛装穿戴完毕要花上数个小时。

（3）以多为美

白倮人为彝族支系，分布在云南省文山壮族苗族自治州东南部，其历史文化悠久，
保留着完整的古朴着装。他们的蜡防染盛装是一种三件套的组合——最内层穿着对襟

图6 贵州六枝长角苗"戴角"
妇女（贾京生摄）

布衣；中间穿着宽袖蜡染衣；外层穿着无袖蜡染坎肩，内外层叠，从而表达以多为美、以多为富的观念。

再如贵州岜沙黑苗女子的下装百褶裙，穿着盛装时会穿7~9件，且内长外短，花边层层外露，最外层为枫香防染图案，与花衣摆映衬，层次分明。

（4）以巧为美

西南地区少数民族服饰制作工艺繁复、构思精巧、色彩和谐、重视装饰，其衣裤、饰物上装饰有各种纹样。妇女服饰常集蜡染、挑花、刺绣、镶补等多种技法于一身，工艺尤为精湛，并以巧为美，通过精巧繁复的服饰工艺，体现独有的艺术魅力，比如贵州织金县歪梳苗蜡染中常常使用鱼线花、鱼刺花、鸟窝花等图案（图7）。

综上所述，研究西南少数民族的服饰与工艺，不仅要研究其外在形式结构，更要把握其文化内涵，在文化语境之中体验民族服饰，才具有科学性、严谨性、完整性。

图7 贵州织金县歪梳苗蜡染
（贾京生摄）

张 铭 / Zhang Ming

1983年8月生，甘肃省平凉市庄浪人，历史学博士，副研究馆员，敦煌研究院、北京大学考古文博学院联合培养博士后，麦积山石窟艺术研究所副所长，兰州大学敦煌学研究所兼职教授。主持国家社科项目1项，省部级科研项目5项，作为项目组主要成员参与国家社科及教育部课题项目3项，发表论文20余篇。主要研究方向为石窟寺考古及佛教艺术。

麦积山石窟北朝服饰艺术简介

张　铭

一、魏晋南北朝时期的服饰文化历史背景与多民族融合

4~6世纪，中国处于割据混战的南北朝时期，民族迁徙融合，胡汉杂居，战争频发、南北交流频繁。北方的十六国中，少数民族建立的小王朝就有十三个，汉族建立的只有三个。在这一背景下，各区域和各民族之间的文化交流和碰撞更为明显和激烈，中国服饰文化也随之进入了一个新的发展阶段，主要表现在少数民族服饰文化和汉族传统服饰文化并存且相互影响。

南北朝时期的胡汉服饰，有着两种明显的转移和影响方向：其一，众多少数民族政权的建立者和高级官吏，为了显示和炫耀其身份地位的与众不同，便改穿汉族统治者的华贵服装，高冠博带式的汉族章服制度随之大为盛行，最具代表性的当属北魏孝文帝汉化改革。其二，在实用性和功能性方面，胡服更适合日常穿戴，紧身短小，所以胡服非但没能以行政命令的方式禁止流行，反而在汉族人民中也得到广泛流行，其中还不乏汉族上层人士的青睐，这种情形在孝文帝汉化前后鲜卑服的继续流行中可见一斑。

二、石窟寺服饰艺术

石窟寺作为一种文化遗产，其造像和壁画所蕴含的丰富价值就包括对历史时期服饰艺术的再现和还原研究。特别是南北朝时期，因为有着多民族融合的特殊历史背景，以及这一时期佛教在中国历史发展中特殊而重要的作用，使得石窟寺这一文化遗产的重要性和特殊性更为明显和关键。这也是我们关注南北朝时期石窟寺造像和壁画艺术继而研究古代服饰艺术的基本前提。同时，服饰艺术也是石窟寺考古中年代和族属判断的重要内容和依据。

三、北朝时期的麦积山石窟服饰艺术

麦积山石窟开凿于后秦时期，北朝是其最主要的发展时期。这一时期是中国古代美学思想发展的重要阶段，也是佛教艺术传入中国后迅速传播、发展并逐渐本土化、中国化的重要阶段，佛教不仅影响着新的哲学思潮，而且对艺术创作与审美思潮发展

也有举足轻重的作用。麦积山石窟因其保存有北朝时期完整的泥塑造像艺术，被誉为"北朝雕塑陈列馆"，其石窟中的造像艺术链条完整，形象丰富，兼顾了艺术性和写实性，服饰艺术立体饱满。同时，麦积山石窟也以壁画形式保存了这一时期相当数量的珍贵绘画服饰艺术。因此，麦积山北朝服饰艺术是中国北朝服饰的重要构成资料。

1. 北魏初期

一般认为麦积山石窟现存最早的造像是北魏时期所造，撇开麦积山石窟最初的开凿时间或者朝代之争，我们现在仅从图像学的角度，来对这一时期洞窟所反映的服饰艺术进行一个简单的梳理。

（1）北魏初期第一阶段

北魏初期第一阶段为5世纪中期左右，这一时期的代表窟有麦积山第51、第17、第74、第78、第165、第90窟等。

从现存的造像可以发现，这时期的佛像造像、内穿僧祇支，紧身贴体，僧祇支边缘折叠成两道。外披偏袒右肩袈裟或者通肩袈裟，袈裟边缘刻连续的三角形折带纹，折带间刻有两道阴刻细线。腹部和左臂处的衣纹作燕尾状分叉。衣纹为突起的宽泥条，泥条中间刻有一道细阴刻线。例如，第74窟右壁主佛造像（图1），是麦积山石窟所保存下来年代最早的作品。第78窟正壁主佛造像开始表现出中原汉族人的某些特征，其佛衣特征与第74窟右壁佛一致（图2），从这两窟主佛造像的佛衣风格特征和塑造表现形式上可以看出，北魏早期的麦积山石窟正处于对古印度佛教石窟艺术的接受和吸收阶段，造像较为简单。我们可以通过第78窟的两身坐佛线描图来看清最外层袈裟的披着方式以及衣纹的走向（图3）。

这一时期麦积山石窟的菩萨造像与佛像风格基本一致，头戴三珠宝冠，发髻束带，宝缯折叠成三道下垂，颈戴桃形宽项圈，耳戴大耳珰，臂钏、手镯均有宝珠装饰，上身袒，络腋由左肩斜向右腿下搭，边缘折叠，刻折带纹。飘带绕颈从肘部下搭，两头分衩呈燕尾状。下穿裙，裙腰折叠外翻，系带。裙子紧贴腿部，双膝可见。这一时期的其中一个特点就是菩萨的飘带贴塑于造像和壁面，使菩萨具有很强的立体感和动感。其特征表现为，躯干较平、较僵直，上身着天衣、络腋，下身穿长裙（图4）。可以通过这张早期胁侍菩萨的线描图看清楚下身长裙的厚重材质与长裙的贴体效果（图5）。

图1 ｜ 图2 ｜ 图3

图1　麦积山第74窟－右壁主佛造像

图2　麦积山第78窟－正壁主佛造像

图3　麦积山第78窟－正壁坐佛正立面、右壁坐佛正立面－线描图

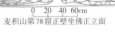
麦积山第78窟正壁坐佛正立面　　　麦积山第78窟右壁坐佛正立面

图4 麦积山第74窟－正壁右侧、左侧菩萨正立面

图5 麦积山第74窟－正壁右侧、左侧菩萨正立面－线描图

图4 | 图5

再看一下这张照片（图6），借着侧光能够看出菩萨上身袒露，以及腰带的外翻和长裙贴体后双膝突出的状态，从线描图中也可以看清麦积山石窟早期菩萨的特征（图7）。

同一时期的第78窟出现了供养人的壁画，从早期的图像资料来看（图8），供养人头戴颈后垂有披巾的帽子，上穿齐膝交领窄袖束腰袍，下穿裤，脚穿尖头靴。从线图可以清晰地看清楚供养人上衣左衽，长至膝盖处，腰部系带（图9）。再来看一下细节图（图10），可以看到供养人的上衣和下裤的特征，图片展现的是以男性供养人为主体的两排供养人向中心排列，正面中心的两侧以女性供养人为主，但是因为壁画严重破损，已经看不清它的全貌，只能通过残存的痕迹看出她是一名女性供养人，且她的领口较男性供养人更加敞开一点（图11）。

麦积山石窟留存了早期的壁画，在第165窟底层壁画中有一些伎乐天的形象（图12）。从这一幅细节图来看（图13），飞天双手抚琴，上身裸露，X形的璎珞披搭在身上，飘带在两侧迎空飞舞，下身穿长裙。这些麦积山的早期飞天形象可以说是将河西以及新疆地区早期佛教艺术进行了衔接。

（2）北魏初期第二阶段

北魏初期的第二阶段划分在太和时期，即5世纪末，这一时期的洞窟有第100、第128、第144、第148、第80、第70、第71、第75、第77窟等。

图6 | 图7

图6 麦积山第74窟－正壁上部右侧小龛左、右壁菩萨

图7 麦积山第74窟－正壁上部右侧小龛左、右壁菩萨线描图

图8　麦积山第78窟－供养人壁画

图9　麦积山第78窟－供养人壁画－线描图

图10　麦积山第78窟－供养人壁画－细节图1

图11　麦积山第78窟－供养人壁画－细节图2

图12　麦积山第165窟－底层壁画中的伎乐天壁画

图13　麦积山第165窟－底层壁画中的伎乐天壁画－细节图

图8	图9
图10	图11
图12	图13

　　这一时期的服饰体现出胡汉交融的特征，类似于新旧交替的渐进式发展。以第148窟为例（图14），主佛的袈裟、僧祇支与第一阶段的洞窟延续了同样的特征，但是在主佛两侧的二佛并坐造像开始，袈裟衣纹已经开始向汉民族服饰的特点转换。关于这一时期的艺术来源有两种观点，第一种认为这一时期的服饰艺术受到云冈石窟服饰的影

图14 麦积山第148窟－主佛造像

响，另一种则认为这一时期的服饰艺术是沿着原有的河西服饰传统或是以长安地区为中心的佛教造像为基调所创作的。

从第100窟交脚思惟菩萨的图像来看（图15），这时期的菩萨服饰延续了早期少数民族穿着搭配的特征，耳龛里的二佛并坐袈裟上的衣纹则是这一时期人为地对其穿着进行有意识地塑造的体现。第80窟延续了第100窟的服饰特点，并在造像艺术上有了显著提升。

值得关注的是在第80窟的正壁下方绘有鲜卑族供养人（图16），通过供养人的袖口、领口以及头顶所佩戴的鲜卑帽和合欢帽，可以判断出此洞窟开凿功德主的族属脉络。

（3）北魏初期第三阶段

北魏初期的第三阶段在5世纪末~6世纪初这段时间，洞窟主要有第76、第86、第89、第91、第93、第114、第115、第69、第143、第169、第155、第156、第170窟等。

这一时期的服饰仍处于新旧交替和并存的状态。佛像出现穿着圆领通肩袈裟和偏袒右肩袈裟，圆领通肩袈裟衣领前部下垂，衣纹上的勾连纹消失，以阴刻线为主。菩萨和影塑造像显示出褒衣博带的特征，胁侍菩萨造像出现披帛交叉于腹部的形式（第69窟）。影塑佛像出现双领下垂的袈裟和悬裳的形式（第114窟）。

此时对主尊菩萨的衣纹出现了更细致的刻画。例如，第76窟主尊菩萨呈现出通肩领口下垂、袒右的特征，两侧龛内的坐佛造像和整体主佛都出现了变化的趋势

图15 ｜ 图16

图15 麦积山第100窟－交脚思惟菩萨造像

图16 麦积山第80窟－正壁下方供养人造像

（图17）。主佛两侧的胁侍菩萨衣饰穿着延续了前期的风格，体态较第74、第78窟而言更具灵动性。此窟供养人的衣饰穿着体现出汉族服饰和胡服混搭的特征（图18），而飞天出现轻盈的南朝式。

第115窟是麦积山石窟中唯一一座有着明确开窟纪年题记的洞窟（图19），因而成为麦积山石窟考古断代的标杆洞窟。此窟主佛的造像已经较为汉化，但是其两侧的胁侍菩萨服饰艺术仍具有之前的风格，这一时期的造像可以说是两种风格同时并存、并行不悖。

再来看一下第114窟，这个洞窟十分有趣，无论是形象方面还是服饰方面，在这个洞窟中都有很丰富或者很多元的体现。从这张图（图20）可以看出，主佛着低领通肩袈裟，衣领前部下垂，衣纹以阴刻线为主，摆脱了早期宽泥条式的制作方式。同样作为三佛题材，此窟正壁主尊和侧壁主尊二者之间的服饰表现却有一定的差异，体现在其对衣纹的刻画以及袈裟的穿着方式上，也就是说其在对三佛的表现形式上有一定的共性元素体现（图21、图22）。

这张照片（图23）中，旧有传统和新有传统同时交汇，是对影塑最新理念的展现。在长台上的这些——不管是站立的菩萨，还是影塑坐佛，或是左侧上角的一身影塑飞天，都展示了当时最新的流行元素。飞天的裙摆设计，以及胁侍菩萨褒衣博带的表现等，都体现了十分明显的汉化趋势。此窟内还出现了三种类型的飞天，最上面的是两身影塑飞天（图24），虽然其头部缺失，但从其衣饰可以看出与左下方的影塑飞天有着明显的不同（图25），还需注意的是右壁龛内左侧壁面所绘的一身裸体飞天

| 图17 | 图18 | 图19 |
| 图20 | 图21 | 图22 |

图17　麦积山第76窟－主尊菩萨造像

图18　麦积山第76窟－供养人造像

图19　麦积山第115窟

图20　麦积山第114窟－主佛菩萨

图21　麦积山第114窟－正壁主尊

图22　麦积山第114窟－侧壁主尊

图 23

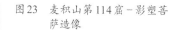

图 23　麦积山第114窟－影塑菩
　　　　萨造像

图 24　麦积山第114窟－两身影
　　　　塑飞天

图 25　麦积山第114窟－左下方
　　　　影塑飞天

图 23	
图 24	图 25

（图26）。总的来说，虽然这是一个规模不大的小型洞窟，但是在洞窟内汇集了代表不同时间、不同族属或者代表不同文化的符号，这其实展现的是无论是功德主还是工匠，对当时石窟造像新元素的认同，是他们观点和态度的体现。

　　这一时期还有一个典型的洞窟——第69窟（图27），此窟不管是正壁的主佛，还是两侧的胁侍菩萨造像，都已经基本摆脱了原有的少数民族的服饰特征，他们的穿着越来越华美丰富，层数越来越多，艺术表现力也越来越强。通过这张线描图（图28）可以比较清楚地看出其衣饰的搭配以及头冠上发带的表现方式。

图 26	图 27	图 28

图 26　麦积山第114窟－右壁
　　　　内左侧壁面裸体飞天造像

图 27　麦积山第69窟－正壁
　　　　佛与两侧胁侍菩萨造像

图 28　麦积山第69窟－正壁
　　　　侧胁侍菩萨－线描图

2. 北魏后期

随着佛教在中国的传播，至北魏中晚期和西魏早期，孝文帝汉化改革，以洛阳为中心的中原佛教影响深刻而明显，佛教造像的风格发生大规模转变，麦积山开始形成自身的造像风格，这在佛教造像服饰特点的转变上表现得尤为突出。褒衣博带和秀骨清像成为主流。佛像的服装全部为双领下垂式，腰部系带，衣服宽博，衣纹以阴刻线为主，悬裳衣裾繁复，细致入微。菩萨身穿X形状的天衣，弟子多穿双领下垂僧衣，主要洞窟有第64、第85、第101、第121、第122、第154窟等。

（1）北魏后期第一阶段：宣武帝后期

这一时期洞窟的主佛造像基本为双领下垂袈裟，个别菩萨像还保留有早期的特点。仍然可以看到新旧两种风格的回溯，或者说这一时期仍然存在着相互交融的过程。

在第23窟正壁下方供养人壁画中供养人的服饰已经完全汉化（图29），这幅壁画中的供养人都是女性，其穿着就是现在的露肩装、露肩交领的形式，长裙下摆曳地，这样"时尚"的服饰特征开始在这一时期大量地体现在供养人的服饰上。不过我们现在无法从供养人的穿着来明确辨别其族属，这是一个关键信号，对比早期的洞窟中可以从供养人服饰就能很明显地辨别出他们的族别、族属，但是到这一时期就无法直接从供养人的衣饰来判断其族属。

这个洞窟中主佛的袈裟上已经没有了原来少数民族的特征及痕迹（图30），但是在主佛右边的胁侍菩萨的服饰艺术上仍然沿用了麦积山石窟初期洞窟延续下来的特征（图31）。因此，可以说在这一时期部分洞窟的造像、壁画人物表现形式上体现出了汉化的趋势，还有一部分洞窟虽然主体造像接受了汉化的元素，但是在一些非主要的造像或者壁画上仍然会保留或者刻意地将早期的一些造像特征、穿着服饰以及主佛特色表现出来。

因此可以来思考一个问题，为什么工匠通过汉化的、流行的汉族礼服或者高级礼服来表示窟内主体造像以及个人身份，但是又坚持以原来的传统方式来表示胁侍菩萨？我觉得可能是因为在大的历史背景下或者说是在一个不可逆转的文化趋势下，作为工匠个体或者一些信众，他们在开窟造像的过程中是有自己的思考以及更深层次的内在考量，他们在坚守传统的同时也在接受新的文化。

总的来说，在这样一个洞窟中有着这样妙趣横生的元素，我觉得是可以从服饰艺术、供养人心态以及文化传播过程中的复杂性来引起一些综合的思考。

图29　图30　图31

图29　麦积山第23窟－正壁下方供养人壁画

图30　麦积山第23窟－主佛造像

图31　麦积山第23窟－主佛右侧胁侍菩萨造像

（2）北魏后期第二阶段：孝明帝时期至北魏末

这一时期的造像主体为褒衣博带和秀骨清像的汉化风格。佛像身穿双领下垂的宽大袈裟，上有阴刻衣纹，衣裾全为分三瓣或者四瓣的悬裳式样。菩萨穿高领内衣，外衣宽博，长裙垂地，披帛呈X状交叉，璎珞华美。

以第142窟的造像为例（图32），该窟的整体是根据佛经经典而开凿的拥有完整空间的洞窟，其造像组合丰富。从服饰角度来看，此窟作为麦积山石窟中唯一一个以完全汉化的方式表达服饰艺术的洞窟，无论是佛、飞天、供养人、胁侍菩萨还是弟子都已经是汉化的褒衣博带式的表现方式，这也是第142窟最大的一个艺术特点，它已经完整地实现了一种文化的交替、过渡。在第142窟中还可以看到工匠对菩萨璎珞的表现，以及对裙裾夸张的多种表现（图33），工匠对于裙摆的悬裳进行了多种表现方式相结合的美化展示（图34），可以看出工匠技艺的提升以及其对于汉化服饰的熟知和热爱。可以感觉到这种新兴的服饰文化所蕴含的文化认同对当时的佛教造像产生了巨大冲击，或是说带来了新的风气。所以我觉得对于工匠来说，这可能是一种鼓舞人心的变化和选择。

这个洞窟中的所有造像都表现出了完全汉化的特征，就像这张图中的造像（图35），工匠将对衣裾边缘进行了厚重而夸张的表现。同时，第142窟工匠对窟顶壁画的空间、

| 图 32 | 图 33 |
| 图 34 | 图 35 |

图 32　麦积山第142窟－造像1

图 33　麦积山第142窟－菩萨造像

图 34　麦积山第142窟－菩萨裙裾－细节图

图 35　麦积山第142窟－造像2

色彩与服饰进行巧妙组合，使影塑更能展现出一个上衣与长裙全部飘至身后的虚空飞行的飞天造像（图36）。总的来说，该洞窟内的设计完整地利用了可用于布置的空间，而影塑、壁画的完美展现更反衬出当时人们对汉族文化的精确掌握。

通过观察这身飞天壁画的梳髻方式以及交领衫搭配长裙飘带的着装，不难发现此时的飞天已经完全汉化（图37）。其飞天造像所使用的鲜明对比色彩使得所绘形象更为灵动，生动的形象、鲜明的对比色以及恰当的服饰组合为人们带来了更为愉悦的享受。同窟的天王力士形象的表达也是完全汉化的表现，其采用了菩萨装而非铠甲的穿着方式，所着臂钏、发带也完全汉化（图38）。因此第142窟在服饰艺术方面表现出了高度的统一，可以被称为"标准窟"。

同时，这窟中的供养人姿态与穿着也都是完全汉化的方式。这幅图绘制的是母子供养人（图39），母亲是完全汉化的穿着方式，母亲的体态会让我们联想到洛阳地区的《帝后礼佛图》中贵族的穿着。我们无法依据小孩的服饰来判断当时儿童服饰的特点，对此可以引起思考，这一时期的小孩都这样穿着吗？在这个洞窟的功德主供养人是何族属的问题上，现在还无法明确判定，我们只是能够知道，这个洞窟对汉化服饰已经尽可能地做到了充分而完整的表达。

第110窟作为这一时期的代表窟，主佛高领下垂，袖口宽博，衣带具有厚重感与立体感（图40），在坐佛旁边的这一侧身菩萨像（图41），其双手合十的造型突出了侧面厚重的衣纹表现，此窟的壁画形式完整地表现出了其已经受到了南朝风格的影响（图42）。

图36　麦积山第142窟－飞天造像

图37　麦积山第142窟－飞天壁画

图38　麦积山第142窟－天王力士造像

图39　麦积山第142窟－母子供养人造像

图40　麦积山第110窟－主佛造像

图41　麦积山第110窟－侧身菩萨像

图42 麦积山第110窟－前壁说法
图（萧淑芳1953年临摹）

在此窟前壁有一幅表现观世音菩萨普门品的说法图，这幅壁画的保存情况不像20世纪
50~60年代时那么清楚，因此萧淑芳先生在当时临摹的这幅壁画就显得十分重要。在这
幅壁画中，需要关注的有以下两点：第一，壁画中出现的众多形象，不管是化身飞天
还是菩萨弟子等，他们的衣饰穿着已经完全汉化了。第二，这幅壁画中的画面布局使
人感觉是一个繁华世界，在这种极乐世界的背景下，它是充实的、丰富的以及灵动的，
这也正是这幅壁画所体现出来的显著特征。

在这一时期的第83窟也是完全汉化的，工匠们开始注重不同的表现方式，或者说
开始在造像上"别出心裁"。首先，对正壁主佛衣摆的层位进行了夸张表现（图43），
但是又有点像大写意那样的潇洒，工匠用不同的线条或者纹饰来表现不同层位的衣服，
与边缘的制作工艺相区别。其次，开始注重胁侍菩萨的一些穿着细节（图44），显示出
菩萨的大方与华贵，腰部佩的长带等，这些都是作为身份的象征，这也要求工匠对一
定阶层有所了解才能抓住这种装饰艺术的表现特点。最后，这一时期天王力士形象也
是被汉化的（图45），可以通过力士的面部表情来确定其是力士造像，但是如果撇开形
体特征，单从服饰艺术来说的话是无法判定造像身份的。

第121窟这两身力士造像的头部在宋代被重塑过（图46），所以大家可以免去对头
部的不必要困扰。我们来看他的躯干和衣饰，特别是右边力士上身内着广袖襦裙，外
着裲裆，前后身各有一衣襟，肩部用带子连接，下身穿及地长裙，表现得十分明显。
我认为这种搭配如果在实际场景中其实是挺不搭的，但是在这身造像上体现的是既穿
着X形的天衣又穿着铠甲以及宽博的衣服，我想这种"混搭"在当时的潮流下或许是一
种刻意的表达，再或许就是出于某种组合，所以如果有对这一方面感兴趣的专家学者，
可以深入研究一下。

这对螺髻像组合的身份有着不同的说法，有人说它是弟子组合，也有人说是菩萨
组合或者其他组合（图47）。随着造像表现力的提升，这一时期对服饰艺术的表现也越
发精练，或者说已经到了一种登峰造极的状态。这几组造像之所以能够成为经典，主
要是因为工匠对主体形象与雕塑语言的表达，而我认为居功甚伟的一部分就是造像的
面部表情与组合特征。所以不管是层位也好，穿搭方式也罢，这一时期的服饰艺术确
实体现出了一个极高的水平。

再来看一下这身螺髻像的线描图（图48），它能够更加有助于我们去理解一些细
节、线条走向或者层位，特别是像这身造像翘头履的表现方式。这种翘头履其实大多

数只能在壁画中展现，因为在出土的实物中，比如说是石窟中或者墓葬中出土的这些陶俑泥塑，它的翘头履以及手部往往是最容易残缺和最容易被损坏的地方。但是在麦积山泥塑中的好多身人物塑像中仍然能够看见穿着这种翘头履。

3. 西魏时期

西魏时期对麦积山石窟来说是一个非常关键的时期。根据《北史》记载，西魏时期的麦积山与当时皇家有着直接联系，就是西魏文帝皇后乙弗氏死后葬在麦积山，这一短暂但又影响深远的历史事件。这一时期麦积山石窟在造像方面存在两种系统，或者说它在工匠集团方面有两种系统，一种是麦积山旧有的风格体系，最明显的变化就是菩萨的形体语言十分漂亮，在这时期工匠的造像水准达到了活灵活现的最高水平

（代表洞窟有第54、第60、第132、第127、第135窟等）。另一种是受到长安地区风格体系的影响，佛像服装双领厚重下垂，衣裙分两瓣下垂，底端略平，衣纹线条更加简练流畅，有自然韵律感，这应该是受到乙弗皇后从长安地区带来的工匠的影响（代表洞窟为第44、第102、第105、第120、第123窟等）。

这是第127窟西魏时期的三尊石雕（图49），有人推测它是直接从陕西地区运过来的石雕像。这三尊石雕属于定制作品，它的艺术水准、风格以及所展现的服饰艺术在当时都是最高级别。

我刚才说了到这时期最大的变化就是菩萨。大家想一想，作为泥塑要表现出这幅图这样的身体姿态或者这种供养手势是非常具有难度的，所以这时期工匠对于泥塑的制作、雕塑语言的运用已经达到了一种极致，特别是体现在经过了一千多年的历史沉淀下，它仍然能保留现在这样的状态。我觉得像以第127窟的这两尊菩萨为代表的西魏菩萨的制作，在菩萨制作史与雕塑史上都是最高水准的体现（图50）。

第135窟的菩萨和主佛的造像体现的不仅仅是服饰的汉化，更是在服饰汉化背景下开始对造像形体的汉化（图51）。他们已不像是早期的少数民族体格，而是通过削肩这种非常明显的形体特征表现这时期菩萨和佛的造像。

我觉得"褒衣博带"和"秀骨清像"二者在以第147窟主佛（图52）为代表的西魏造像艺术上达到了一个最完美的表现，我们能够在这身主佛的造像上感受到什么才是

图49	图50
图51	图52

图49　麦积山第127窟－石雕造像

图50　麦积山第127窟－菩萨造像

图51　麦积山第135窟－菩萨和主佛造像

图52　麦积山第147窟－主佛造像及线描图

"褒衣博带"和"秀骨清像"的最佳组合，这身造像也是我最喜欢的麦积山造像。

提到西魏时期的麦积山，就得提及麦积山第44窟，关于该窟主佛的特征及胁侍菩萨的特征（图53）。这一时期的麦积山石窟造像除了延续三佛组合以及一佛二菩萨组合以外，还需要从服饰方面考量，因为这一窟的造像是与当时的皇家有着直接的关系，所以工匠对胁侍菩萨及其服饰的表现应该是与宫廷装有着直接的对照关系，也就是说级别、配饰、组合以及制作精美程度都代表了当时西魏皇室的水准。

再来看第123窟（图54），这时已经很少在造像上看到之前的"胡风"或者说少数民族的风格，它不再有刻意的表现。虽然西魏时期也是少数民族建立的地方政权，但是在以第123窟为代表的西魏洞窟中，不管是主佛、维摩诘、文殊菩萨还是胁侍菩萨等，他们的衣饰水准都特别高，弟子的穿着也是非汉化。比较奇怪的一点就是在此窟中既有汉族体格、穿着汉族服饰看起来云淡风轻、如世外高人般的经典造像（图55），又有梳双丫髻、穿卷领胡服的童女和戴毡帽、穿皮靴的童男造像（图56）。也就是说，虽然在这时主体仍然是以汉化为主，但是还可以在服饰艺术或者供养人的身份与认同感方面有一种回归。

第20窟（图57）可以和我们刚才看的洞窟比较着看，此窟的组合、衣摆以及造像的汉化都是一致的。

图53　麦积山第44窟 - 主佛与
　　　　胁侍菩萨造像

图54　麦积山第123窟 - 正壁造像

图55　麦积山第123窟 - 经典造像

图56　麦积山第123窟 - 童女、
　　　　童男造像

图57 麦积山第20窟-造像

当然还有同样明显特征的就是第133窟的12号造像碑（图58），它的三佛组合中的衣裾和裙摆、上方的飞天、两侧的两身力士以及狮子的组合，可以说是这时期典型的造像组合。我刚才说到这一时期存在两种风格，一种是延续原有的，另一种是从长安地区来的，现在在这个地方就完全看不到旧有的风格。

4. 北周时期

西魏时期是麦积山石窟造像和壁画的高光时期，北周时期仍然处于割据征战或者说是复古的朝代，在这一时期的麦积山石窟造像随着造像特征如身材比例的变化，最主要还是体现在菩萨和飞天的服饰方面。这时期的佛像穿通肩或者双领下垂袈裟，菩萨披巾横于腹部两道或者垂挂长璎珞，飞天则以第4窟的"薄肉塑"最为精妙。通过这个窟内的造像特征以及它的姿态来看，其实已经与隋代十分接近，所以说造像风格也有个过渡期。这种风格的影响也有学者做过研究，印度佛教对中国有过三次影响，像北周这一时期，它对应的是印度佛教的笈多王朝时期，这一时期的造像对中国有很大的影响。

麦积山石窟在这一时期的北周造像应该也是受到了这一风潮的影响。北周时期的造像有个很明显的特征，我们称为"五短身材"，就是造像的上身长下身短。但是以第62窟为代表的北周造像开始逐渐地像隋代的体态修长或像唐代S形的风格，其璎珞随着飘带的走向进行表达（图59）。

图57

| 图58 | 图59 |

图58 麦积山第133窟-12号造像碑

图59 麦积山第62窟-造像

大家如果来过麦积山的话，就会知道在第4窟的最高处有一个"薄肉塑"的造像（图60），"薄肉塑"的制作工艺在中国石窟或者说在泥塑艺术中应该是属于一种绝唱，它是一种将绘画和泥塑艺术最经典的组合，以最完美的形象进行展现。

说起"薄肉塑"我们一般会说它有什么特征、有什么风格，但是现在如果从服饰意义上来看的话，北周所代表的服饰在这上面体现的仍然是一种复古或者回溯的状态，因为北周政权的生存状态决定了为什么叫北周，它其实是效仿周朝，包括对各项政策的实行。为了增加自己政权的合法正统性，它必然会采取一些政策上、文化上的措施来制定一个自我认同或者约束的标榜，所以这些造像在服饰方面其实还是显得比较保守。

还有一个关键的点就是北周时期麦积山的所在地秦州仍然是丝路重镇，这时期像粟特这样在丝路上经商的少数民族，在麦积山北周时期也有一个较充分的表达。可以理解为这些经济实力雄厚的少数民族是参与了麦积山石窟的营建。像第4窟前廊顶的壁画（图61），大家看一下坐在马车上的那身女性形象，她穿的是汉族交领的服装，其周围的形象都是少数民族并且身穿胡服，特别是他们的发型都是少数民族的发型。所以

图60

图61

图60　麦积山第4窟－"薄肉塑"
　　　造像

图61　麦积山第4窟－前廊顶壁画

说就是这样一个胡汉并存、胡汉杂居、胡汉共荣的状态，经过麦积山北朝很长时间的历史演变，在北周时期的特殊历史背景下又加强了刻意的表现，这就是通过这时期壁画中的服饰艺术可以得到的有用信息。

第26窟也是北周洞窟，该洞窟的壁画所绘内容为北周时期的经变图，保存尤为完整。从服饰艺术的角度来说，这幅经变图的最主要价值是它绘制了众多不同形象、不同身份的人物，服饰穿着又各不相同，北周第26、第27窟，它们的窟顶壁画都展现了非常丰富多彩的服饰艺术。就像这张图（图62）中的左下角主体是供养僧人，他穿着通肩双领下垂的僧衣，在照片的下部、右下方是一队以女性为主体的供养人，她们穿笏头履的形象和前面男性僧人穿笏头履的形象是一致的。他们穿的这种交领大长衣的组合方式开启了隋代穿着主体的搭配方式。画面的上方是几身天王力士造像，其穿着明光铠，下身着长裙，脚穿胡靴，这样的形象十分生动。当然在另外一个空间，还表现了一些少数民族的外国使节以及飞天形象等。

再来看一下线描图中的形象（图63、图64）。线描图很直观地展示了这个洞窟中的不同身份人物形象，以及他们之间服饰艺术的相同点与不同点。细节线描图（图64）中有一个供养菩萨，这尊供养菩萨是站在莲台上的，它的形态和刚才我说的第62窟的姿态是非常一致的，说明此时它已经具备唐风。还有一个细节是在经变图中的陈列有非常丰富的供养器具。

第27窟（图65）也是北周的一个洞窟，大小和第26窟相等，窟顶绘的是涅槃变经变画。这个壁画中的形象丰富，能够展现众多不同角色的服饰艺术，像左下角天王穿的是菩萨装，然后有胁侍菩萨、弟子，中间是二佛并坐，右边这层上面两排是供养比丘——跪着的比丘，右下方这一块可以从穿着披搭的方式、发型以及穿着的胡靴看出是少数民族的特征。所以说在窟顶最主要的位置绘制着身份、族属不同的人物形象，因为佛法齐聚到一起，具有一种佛教的力量或者是佛教兴盛的一种宣示。但是这种形象既然能展现在这里，也是有着一定的现实依据，这也就说明在北周时期的秦州，有着多民族往来的现实状态。

图62 ｜ 图63

图62 麦积山第26窟-壁画

图63 麦积山第62窟-壁画-线描图1

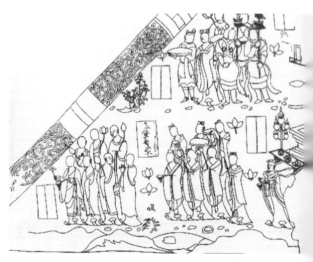

图64　麦积山第62窟 - 壁画 -
　　　线描图2

图65　麦积山第27窟 - 壁画

图64　｜　图65

四、总结与展望

　　麦积山石窟现存洞窟221个，其中北朝的洞窟占据了麦积山石窟洞窟数量的主体，代表了麦积山石窟发展的主要阶段，充分反映出佛教中国化的历史进程和表现特征。作为佛教艺术的重要组成，服饰艺术也是麦积山石窟艺术的重要组成元素和表现方式。可以说，麦积山石窟是保存北朝服饰艺术最为集中、完整的世界文化遗产和石窟寺。

　　通过对麦积山北朝服饰艺术的简要梳理，可以发现麦积山石窟北朝造像和壁画所展现的服饰艺术及其演变特点，同时也是麦积山北朝佛教艺术发展民族化、多元化和区域特征的主要表现方式。在我看来，每个石窟都是一座文化宝库，它的文化内涵历久弥新，潜力无限。希望我的分享能够抛砖引玉，为大家提供更新的视野，激发大家研究麦积山石窟的兴趣。

　　我今天的汇报就到这里，不足之处还请多多批评指正！谢谢大家！

席光兰 / Xi Guanglan

国家文物局水下文化遗产保护中心副研究馆员，主要从事木质文物、金属文物等科技保护修复、冶金考古、水下考古（原址保护监测、水下考古现场文物保护）研究。

作为考古现场文物保护负责人先后参加致远舰、经远舰、长江口二号沉船和福建圣杯屿沉船等重要水下遗址的考古调查及发掘项目，参加西沙珊瑚岛一号沉船遗址保护与展示利用方案设计等原址保护项目，先后主持天津市大沽口炮台遗址博物馆馆藏铁器以及舟山地区馆藏铁器的保护修复等国家文物局重点文物保护专项项目。作为子课题负责人参加科技部国家重点研发计划项目2项，主持开展了"近现代船舰及其水下考古调查出水文物保护的初步研究"和"沉船舱料科学分析与相关问题研究"等研究课题。

多学科视野下的水下考古与文物保护

席光兰

感谢刘元风教授的介绍，非常荣幸受北京服装学院敦煌服饰文化研究暨创新设计中心的邀请与大家做一些交流，今天我讲座的题目是《多学科视野下的水下考古与文物保护》。

我国是历史悠久的文明古国，也是海陆兼备的大国，不仅拥有广袤的陆域疆土，还拥有广阔的海洋国土。在辉煌的黄土文明之外，我们的先祖也创造出了灿烂的海洋文明，拥有数量众多的水下文化遗产。人们在长期生产、生活和海洋贸易活动中，在我国水域内遗留下了数量众多、类型多样、价值巨大的水下文物。这些水下文物是我国历史文化遗产的重要组成部分，是古代中国南北经济脉动、民族文化交流融合和中外文明交流互鉴的实物见证。对淹没于水下的文物进行调查、发掘、保护和研究，是我国文物考古工作者由来已久的愿望。

由于中国陆地生存环境较为优良，因此与西方一些依赖海洋的国家相比，我国利用、开发海洋的历史和水下考古活动起步较晚，但中国古人从未停止对海洋的向往和憧憬。上古神话传说"精卫填海"，讲述了上古时期炎帝的女儿在东海淹死，变为一只名叫精卫的鸟，每天衔西山的石块和树枝投入东海，要把大海填平，这个故事体现出古代先民改造自然的愿望，但他们改造自然的条件与能力仍然有限。随着社会科技的发展，古代先民也开始从事一些与海洋相关的活动，例如辽宁绥中海域的姜女石遗址（图1），传说为孟姜女投海自尽之地，其实是一种天然的海蚀柱，为秦汉时的碣石，公元前215年时，

图1 姜女石遗址

秦始皇派人前往海中求取长生不老之法之处、渤海之滨的碣石。《史记·秦始皇本纪》记载："三十二年，始皇之碣石，使燕人卢生求羡门、高誓。刻碣石门。"曹操于建安十二年北征三郡乌桓回师途中，也曾有诗"东临碣石，以观沧海"，可见中华民族的先民在很早之前就已开始利用海洋进行自然生产活动。本次讲座主要从以下四个方面展开：多学科融合的水下考古、水下考古现场文物保护、水下考古遗址原址保护以及出水文物保护的几个案例——多学科交叉创新。

一、多学科融合的水下考古

1. 水下考古学

根据张威在《水下考古学及其在中国的发展》中的定义，水下考古学是以水下文化遗存作为主要研究对象，借助潜水技术、水下探测、水下工程等手段，运用考古学方法对沉（淹）没于海洋和江河湖泊的文化遗迹、遗物进行调查、发掘、保护和研究，以揭示和复原埋藏于水下的人类活动的历史。

水下考古学的研究内容主要为历史上由于地震、火山喷发、海啸等自然灾害而沉没于水中的水边居址、港口墓葬等，以及一些古代航线下保存的大量沉船和文物。水下考古除发掘水下的古代遗址、打捞沉船和水下文物外，还致力于对古代造船术、航海术、海上交通和贸易等展开研究。

2. 水下考古在欧洲的萌芽

西方海洋类国家较多，因此水下考古起源比我国更早。早在1446年，意大利红衣主教科隆纳（Cardinal Colonna）和建筑学家里昂·巴蒂斯塔·阿尔贝蒂（Leon Battista Alberti）就通过一次不成功的打捞，证实了传说中的两艘罗马帝国礼仪船（Nemi Ships）确实存在于意大利内米湖之中（图2）。1535年，弗朗西斯科·德·马基（Francesco De Marchi）用简单的木质面罩潜到了沉船遗址上，并捞起了一些砖石、青铜和铅器。1827年，安西奥·弗斯科尼（Annesio Fusconi）开始使用木质潜水箱和木质潜水平台起捞内米湖沉船，但以失败告终。

19世纪之后，随着技术的快速发展，水下考古应运而生。1832年，查理士·莱伊尔（Charles Lyell）在《地质学原理》第16章论述水下地层埋的人类遗骸及人类制造物，也是第一部科学探讨水下遗物的著作；1853~1854年，瑞士的湖泊水位异常低，经过调查和发掘，大量木柱、陶器以及其他遗物呈现在人们面前；1863年C.恩格哈特(C.Engelhart)在丹麦的斯列斯威格（Schleswig）沼泽地中发现了4世纪的"尼达姆（Nydam）"号沉船（图3），并按陆地考古的方法进行发掘和记录；1904年，在丹麦的奥斯塔特（Aostad）等地的沼泽地中也不断发现9世纪北欧海盗的维京船（Viking Ship）。

20世纪原始管供重潜技术出现，虽然水下活动范围依然受限，但氧气的供入为长时间水下作业提供了条件。1900年，希腊潜水者在克里特岛与希腊大陆之间的安迪基提腊岛附近水深60米的海域，发现大批石质和青铜雕像，希腊政府出动海军舰船进行打捞。1907年，伦敦文物协会组织专业潜水员对肯特郡赫尔纳湾的一艘沉船进行调查。1908年，苏格兰牧师布兰德尔潜入尼斯湖（Loch Ness）底调查人工岛及水上建筑的遗迹，并绘制了人工岛的草图。1927年，意大利内米湖沉船调查工作再次启动，这也是

图2　罗马帝国礼仪船

图3　"尼达姆（Nydam）"号沉船

图2　　图3

第一次以考古为首要目的进行的沉船发掘工作。

　　1940~1950年，法国海军成立了水下工作小组，由雅克斯·库斯托（Jacques Cousteau）负责，1944年发明了自携式水下呼吸器（Selfish Cottained Underwater Breathing Apparatus，简称SCUBA），这一发明极大拓宽了人们在水下活动的范围与自由度，常规轻潜技术由此诞生。1952年，雅克斯·库斯托领导"发掘"马赛附近的大康格卢岛海域的古希腊贸易沉船，并设计了一系列至今仍在使用的水下考古设备，如空气抽泥机（Airlift）、装器物的浮篮、水下电话、水下摄像摄影机、水中照明灯等。

　　被誉为"水下考古之父"的美国宾夕法尼亚大学考古学教授乔治·巴斯（George Base），于1960年应邀对土耳其格里多亚角海域后青铜时代沉船遗址进行调查，第一次在水中实践了考古学方法，标志着水下考古学的诞生。1965年，在法国戛纳召开水下考古学国际会议成立大会。同时，水下考古相关论述、专著亦纷纷问世，如《水下考古学》《船舶考古学》《海洋考古学》等，水下考古已逐渐从海底探宝中脱离出来。1973年，巴斯任德克萨斯A&M大学（Texas A&M University）航海考古研究所所长，并招收海洋考古的研究生。

3. 中国水下考古的创建与发展

　　1984年，英国人迈克·哈彻（Michel Harcher）发现并盗捞"哥德瓦尔森"号商船。1986年4月至5月，哈彻委托荷兰佳士得拍卖行在阿姆斯特丹大肆拍卖约15万件瓷器、125块金锭等文物，总价值达3700万荷兰盾（约2000万美元）。此事引起中国考古学、博物馆学界的强烈不满以及中国政府部门的关注，使主流学者认识到了保护水下文化遗产的必要性。

　　1987年，经国务院批准，中国历史博物馆成立了中国唯一的水下考古专业机构——水下考古学研究室，时任中国历史博物馆馆长的俞伟超教授任研究室主任，中国的水下文化遗产保护工作也就此拉开序幕。1989年，国务院颁布了《中华人民共和国水下文物保护管理条例》；1990年我国第一支"水下考古队"诞生；1990~1992年我国开始与各国的水下考古队合作进行水下考古勘探；1992年我国独立完成了辽宁绥中县三道岗海域一艘元代沉船的勘查，打捞了大量的瓷器；1998年我国进行了第一次正式的远海水下考古——西沙考古。西沙考古工作在20世纪70年代就已进行过，在1974年3月和1975年的两次考古调查中，曾先后两次在岛西北端沙堤内侧深一丈处发现了唐、宋两代的居住遗址。这一考古工作也是对主权的宣誓，表明中国至少在唐宋时期就已开发和利用南海西沙群岛。

在1987年8月，还有一件水下考古大事——发现"南海I号"，并在同年11月组建水下考古研究室，到2007年，已对"南海I号"进行整体打捞，后在中国海上丝绸之路博物馆进行保护和展示；2009年，国家文物局批准在中国文化遗产研究院成立内设机构——国家水下文化遗产保护中心。2011年，中国水下考古队走出国门，在肯尼亚进行沉船考古。2012年，中国首艘专业水下考古船签约制造（图4），我国成为继法国和韩国后第三个有专门用于考古打捞船的国家。2014年，国家文物局水下文化遗产保护中心独立建制；2022年，对"长江口二号"沉船实施整体打捞，这也是我国整体打捞的第二艘沉船；2020年，国家文物局水下文化遗产保护中心在原有基础上更名为国家文物局考古研究中心。国家文物局考古研究中心也代表着中国考古领域的发展水平，逐渐成为具有国际影响的专业研究机构。

中国水下考古自20世纪80年代诞生以来，至今已有三十多年的发展历史。目前中国水下考古无论从机构建设、人才培养，还是技术发展、装备配置，均已今非昔比，处于世界领先的地位。

4. 水下考古的一般工作流程

水下考古的一般工作包含以下几项流程：首先，是水下搜寻，即在得知一定线索的情况下，借助海洋探测装备开展搜寻工作。其次，水下考古队员潜入水下进行基线布设、探方架设等前期准备工作，利用专业装备抽沙清淤，以便测绘、摄影等工作的顺利进行。最后，再根据实际情况进行文物提取与登记，对出水文物进行现场临时保护（图5）。

目前水下考古主要有以下方式：高压潜水、常压潜水与遥控（无人）潜水。高压潜水主要适用于浅水水域，其对潜水员素质要求较高，人的生理条件以及由此导致的经济因素大大限制了高压潜水在深潜作业中的应用范围。常压潜水器的技术工艺要求十分高，如耐压壳要坚固、水密性好、安全可靠，作业机械要灵活等，因而作业难度较大。2018年，国家文物局水下文化遗产保护中心、中国科学院深海科学与工程研究所、海南省博物馆合作利用"深海勇士"载人潜器进行深海考古，下潜深度突破1000米。2022年进行了第二次深海考古工作，最大深度达到了2000余米，并发现大量铁器、

图4　图5

图4　中国首艘专业水下考古船

图5　水下考古的一般工作流程

铜器、瓷器等水下遗存。除了高压潜水与常压潜水外，水下考古还可借助水下机器人，利用遥控（无人）潜水在多种水域进行探测工作。

5. 中国水下考古成果

目前我国已发现分布于各个海域以及内陆江河湖泊的240余处水下文化遗存，其中在南海海域的西沙、南沙附近就发现100余处沉船遗址。

（1）"南海Ⅰ号"沉船

"南海Ⅰ号"沉船遗址是极具代表性的水下遗址之一，从首次发现至打捞历经将近三十年，这一过程也见证了中国水下考古从无到有再到迅速发展的过程。2007年，国家文物局水下文化遗产保护中心与交通运输部上海打捞局合作，利用沉箱技术整体打捞的方法，把沉船整体打包，装在一个"大箱子"里，再整体吊出水面，运送至博物馆中进行考古发掘和保护。"南海Ⅰ号"的整体打捞，是中国水下考古在世界上的一个创举，使我国成为世界第一个进行如此大规模整体打捞的国家。在这次考古发掘中，"南海Ⅰ号"总共出水文物18万余件（图6），有瓷器、金器、银器、铜器、铁器、标本、种子、丝绸等等，其中瓷器、铁器、铜钱数量最多，瓷器品种超过30种，达6万余件，大多可定为国家一级、二级文物，汇集了德化窑、磁灶窑、景德镇、龙泉窑等宋代著名窑口的陶瓷精品，还出土了许多阿拉伯风情的瓷器。铜钱数量亦达上万枚。

（2）"长江口二号"古船

2022年，我国迄今水下考古发现的体量最大的木质沉船——"长江口二号"古船在长江口水域成功实施整体打捞出水。这一遗址在2015年被发现，但由于这片水域的能见度极低，加上技术原因，直到2018年才确定木质沉船年代为清朝晚期。经后续调查与研究，最终于三年后整体打捞。在打捞技术上采用了世界首创的"弧形梁非接触文物整体迁移技术"，该项技术是在大胆进行科研和技术创新的基础上而提出的全新打捞解决方案，创造性地融合了核电弧形梁加工工艺、隧道盾构掘进工艺、沉管隧道对接工艺，并运用液压同步提升技术、综合监控系统等目前全球最为先进的高新技术，以保证文物的完整性（图7）。

（3）"华光礁一号"沉船

"华光礁一号"沉船遗址位于西沙群岛华光礁环礁内侧，西沙群岛附近海域相较于

图6 ｜ 图7

图6 "南海Ⅰ号"沉船出水文物

图7 "长江口二号"沉船出水文物

其他海域能见度高，水下考古工作队历时两年，对西沙群岛"华光礁一号"南宋沉船遗址进行考古发掘（图8），并进行船体水下拆解提取。这是中国首次大规模远海水下考古发掘，共发掘1万余件出水古瓷器，现收藏于海南省博物馆。

（4）"珊瑚岛一号"和"金银岛一号"沉船

2015~2017年，水下考古工作队对"珊瑚岛一号"和"金银岛一号"沉船遗址进行考古发掘。"珊瑚岛一号"沉船遗址以石质建筑构件为主要堆积，还发现有少量青花瓷和白釉瓷器碎片散落在遗址表面。调查发现，遗址现存大小石构件274件。2015年，水下考古发掘共出水石构件37件、石像7尊、石板8件、石条6件等，另外还发掘出水瓷器碎片13件。

"金银岛一号"沉船遗址位于西沙群岛永乐环礁金银岛西南面礁盘所在海域，经调查，"金银岛一号"沉船遗址共计发现石质类文物665件。在"金银岛一号"沉船遗址出水的青花瓷器在福建闽南地区德化、南靖、安溪等地窑址清代中晚期的遗存中也多有出土。因此，"金银岛一号"沉船遗址的时代与"珊瑚岛一号"沉船遗址相近，为清代中晚期，其性质应为驶向东南亚的运输船，这一发现为研究中国传统文化在东南亚等地的传播和影响提供了珍贵资料，具有重要的历史和文化价值。

（5）"南澳Ⅰ号"沉船

经过2010~2012年的抢救性水下考古发掘，"南澳1号"共出水以青花瓷为最大宗的各类文物超过27000多件。结合考古勘探资料分析，初步判定"南澳1号"沉船的年代为明万历年间。这是南海海域继"南海Ⅰ号"之后，发现的又一艘保存较为完好、满载珍贵瓷器的古代沉船。

（6）甲午沉舰系列

2014年开始对甲午沉舰进行系列考古。2014年在丹东大鹿岛西南海域探测找到一艘北洋海军沉舰，到2015年再一次组织水下考古调查后，确认其为"致远舰"。

2018年，在大连市庄河黑岛海域调查发现经远舰，在威海湾刘公岛岸边锁定疑似"定远舰"的位置，后于2019年确认其为北洋旗舰"定远舰"；至2020年完成威海湾"定远舰"第二期水下考古调查工作，并提取重达18.7吨的铁甲。

该项考古成果推进了对甲午战争、近代史的研究，出土了一批重要水下文物，如舰铭牌、弹药、武器配备等（图9），还原了甲午海战细节，为甲午海战研究提供了考古新材料。

图8 | 图9

图8 "华光礁一号"沉船考古
发掘现场

图9 甲午沉舰出水文物

（7）圣杯屿沉船

2010年，因台风在漳州圣杯屿海域发现了一艘沉船，经过水下考古人员多次水下调查，确定其为元代沉船。2022年，国家文物局考古研究中心联合福建省考古研究院等单位，正式对圣杯屿元代海船遗址全面启动水下考古发掘。中国古代的海洋贸易经历了几次起伏，唐代海洋贸易逐渐开始发展，南宋时期统治者重视海洋贸易，与当时的官方政策密切相关。元代延续南宋时期对外开放的风气，打开了历史上较为开放的海外贸易格局，这一时期我国海外贸易发展达到了高峰。在出水瓷器中，不乏带有异域元素的元代龙泉窑外销瓷。无独有偶，东南亚海域也发现了很多龙泉窑青瓷。这些来自700年前的器物，展示了当时海上丝绸之路的中外交流，也折射出我国宋元时期海上贸易的繁盛程度。明代之后由于海禁等一系列政策，海上贸易逐渐低迷，直到明末才重新进行海洋贸易开发。

（8）内陆水下考古发掘

除了在附近海域进行考古发掘之外，我国对内陆水域也开展了水下考古工作，并取得重要收获。比如对湖北丹江口水库（图10）、安徽太平湖和响洪甸水库、山东东平湖、江苏和浙江两省交界处的太湖、江西南城水库、四川江口沉银遗址、广东西樵山采石场遗址等水下遗址开展考古调查工作，对水陆一体的辽宁姜女石遗址、浙江上林湖进行水下考古调查（图11），以及古代港口码头遗存、明清海防遗存系列调查等。

（9）中肯合作实施水下考古

我国在2010年、2012年、2013年三个年度与肯尼亚合作实施水下考古工作，对肯尼亚拉穆群岛海域的谢拉（Shela）遗址、马林迪奥美尼角（Ngomeni）沉船遗址（图12）等水下遗存开展了水下考古工作，展现了中国水下考古的水平，为肯尼亚水下考古事业的开创与发展做出了重要贡献，为中国海上丝绸之路以及环印度洋航海和海上贸易史研究提供了珍贵的资料。

（10）中沙合作塞林港遗址考古

中国与沙特阿拉伯联合考古队在塞林港遗址联合发掘，发现并确认了古海湾、古航道和被流沙掩盖的季节河遗迹，发掘出大型建筑遗址，并清理出一批珊瑚石墓葬，为探究海港遗址的内涵提供了重要的考古证据，出土了包括中国瓷器在内的诸多文物精品，为海上丝绸之路研究提供了十分珍贵的考古资料。

图10 ｜ 图11

图10 湖北丹江口水库均州古城调查

图11 浙江上林湖水下窑址调查

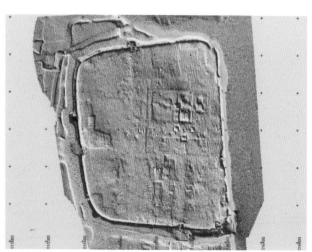

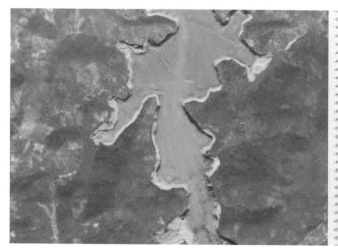

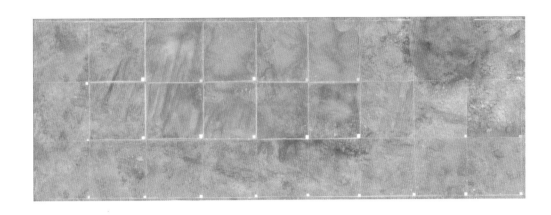

随着科学技术的不断发展，水下考古工作逐渐从人力下潜发展到如今的水下机器人、潜航器等多学科技术融合进行水下考古工作，极大地拓展了水下考古的广度和深度。

二、水下考古现场文物保护

水下文物处于新环境（水下），若环境稳定，文物就会经历一个与埋藏环境平衡的改变过程，并逐渐适应新环境，这样文物的腐蚀速率就会降低，处于相对稳定的状态。当文物从水下提取出水时，被突然置于空气中，文物又进入了一个新环境，改变则重新开始。因此，水下考古现场做好文物保护工作具有重要意义，即便采用先进技术对水下遗存展开考古打捞工作，若没有后期的科学保护，也无法达到预期目标。

水下考古现场文物保护工作应如何完成？首先需考虑工作任务与工作时间。水下考古工作任务包括前期勘察、文物提取、样品采集、数据记录、抢救性保护、包装运输以及后续保护处理。狭义上的工作时间界定为从文物及其他考古资料刚刚暴露到被移交至实验室的时间；广义上的工作时间界定为考古项目立项时介入，包括考古方案制定、现场保护预案及准备和实施工作时间的总和。

海洋沉船考古是水下考古的重要部分（图13、图14）。海洋沉船是一类特殊的考古遗址，突发而来的灾难使得这些水下残骸实质上成为意外的"时间胶囊"。我们可以通过水下考古对尘封的历史进行解码与研究。水下文物保护与陆地文物保护有较大区别，

图12

图13 ｜ 图14

图12　奥美尼角沉船遗址

图13　木质沉船

图14　近现代船舰

水下文物种类多、数量多，但由于水下埋藏环境较为复杂，因此文物病害复杂，且部分损害较为严重。

水下文物的埋藏环境决定了考古工作要在特殊的环境下进行，现场工作环境导致水下考古现场文物保护存在一些问题：首先，工作条件有限（图15）。相较于陆上考古研究能够利用多种移动的实验室与实验设备，水下考古工作环境简陋，工作条件艰苦，在工作时常会搭建临时性场地、采取临时性措施进行现场文物保护。其次，文物提取方法较为复杂。将遗物打捞提取出水是水下考古工作的重要内容，需采取一些专门预防措施，并根据具体要求制定预案并及时调整。主要的文物提取方法有三种：利用空气打捞装置的吸引力和喷射力将遗物吸取——抽沙（一般为非主动提取）；徒手提取；用气体提升装置提取。根据不同文物应采取不同的提取方法，针对一般器物，如在遗址表面和探方中发现的陶瓷器、金属器等一般性遗物标本，这类器物在常规搬运时不会损毁，一般采用潜水员直接搬运或借助浮力袋等装置提取方法（图16）；针对小件和易损器物，尤其是易损坏的有机质遗物、锈蚀断裂的金属器、器壁薄小的陶瓷器等，应在提取前特别包装或加固，再小心搬运出水；而对于船体，则采用拆解或整体提取的方法。

除了文物提取外，还需进行数据记录，即文物登记。在文物发掘提取前，需进行测绘、编号、拍摄等工作，详细记录其水下发掘时的情况。发掘提取出水后需再次登记，完成登记和现场保护之后，将文物包装运输至陆地实验室进行后续保护修复工作（图17、图18）。

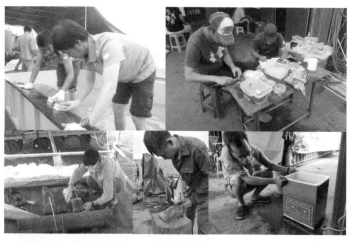 

| 图15 | 图16 |
| 图17 | 图18 |

图15 水下考古工作条件

图16 大件文物用浮力袋提取

图17 发掘提取前水下文物登记

图18 发掘提取后水上文物登记

水下考古现场文物保护的理想状态是建立与陆地考古相似的移动实验室，但由于环境和工作场地有限，一般很难实现。在一些条件较好的水下考古现场，文物保护人员也会携带一些便携仪器，如便携式XRF、便携式数码显微镜、便携式拉曼光谱、便携式近红外光谱、便携式电导率仪等，建立文物出水现场保护移动实验室，对文物进行分析检测，识别包含功能、成分、病害状况等在内的文物信息，对其进行更科学的定性与研究。

经过长时间经验的积累，我国水下考古工作取得显著进展，现就对几例现场文物保护成功案例做一下介绍。

1."华光礁一号"沉船

"华光礁一号"沉船遗址的发掘（图19），是中国第一次开展的远海水下考古发掘工作，同时也是在水下环境良好的条件下开展的一项较为全面系统的水下考古实践。考古队员入水后，首先进行一系列的水下清理、测绘、编号、摄影记录等工作。由于沉船与海洋沉积物黏结十分严重，并且距离陆地较远，在远海无法进行整体打捞，需将船体木板拆解、编号并记录，利用物理加固后进行搬运提取。搬运出水后对细部测绘记录，在现场实施例如保湿防霉、加固等保护处理后再进行包装、装箱、标签、转运等工作。

2."小白礁Ⅰ号"沉船

随着技术不断发展，至2014年打捞"小白礁Ⅰ号"时，水下考古工作人员已积累了丰富的经验。因此，此艘沉船的现场保护工作做得更为精细，准备工作流程主要有制订工作方案、组建工作队伍、搭建工作平台、配置设备材料等，并建立临时实验室。

对"小白礁Ⅰ号"的船体打捞类似于"华光礁一号"的拆解方式，包括水下清理、记录、拆解、提取。文物提取后开展现状评估、提取保存状况信息、样品采集等工作（图20）。在现场进行初步清洗、加固、保湿防霉处理，防止环境变化以及霉菌滋生对文物造成破坏。完成上述工作后，使用宣纸等吸水材料包裹文物、喷洒防霉剂密封保湿、缓冲固定、标注信息，再进行临时存放，临时存放的方式有覆盖存放、浸泡存放、装箱存放等。对于存放地需定期监测温度、湿度等环境因素，防止温度、湿度变化对文物保存造成不利影响。

图19 ｜ 图20

图19 "华光礁一号"沉船遗址
　　　考古发掘现场

图20 "小白礁Ⅰ号"船体发掘现场

三、水下考古遗址原址保护

考古调查发掘工作结束后，需进行遗址原址保护。遗址原址保护是一种使用物理或者其他方法的原址干预手段，它能够减缓、阻止或改变对考古遗址有负面影响的过程，保持遗址稳定。

联合国教科文组织2001年《保护水下文化遗产公约》及其附件中强调"原址保护应作为保护水下文化遗产的首选方案"。原址保护一般被视为原址展示的基础，与之直接相关的保护或利用环节主要包括遗迹发掘及记录、回填处理、可控环境下的暴露展示等。保护技术方面主要包括沙袋回填、聚合物覆盖、人工泥沙淤积覆盖、自然泥沙淤积以及牺牲阳极保护（主要针对金属文物）等。大量水下考古工作结束后，若条件允许在水下保护，则优先选择水下保护。

在世界范围内具代表性的水下考古原址博物馆主要有埃及水下博物馆、希腊水下博物馆、法国戛纳水下博物馆、塞浦路斯水下博物馆、墨西哥坎昆水下雕塑博物馆等。目前中国仅有一座水下博物馆——重庆白鹤梁水下博物馆（图21）。

现对我国三个沉船的水下原址保护案例作一介绍——木质沉船"南澳Ⅰ号""致远舰"以及"经远舰"的水下原址保护工作。

2012~2016年，我们主要借鉴克罗地亚两座古罗马时期遗址的保护经验对"南澳Ⅰ号"进行水下原址保护（图22、图23）。在技术方法方面以金属保护笼措施为基础，并对其使用阴极保护，防止金属笼长期处于水下环境而被腐蚀破坏。

2016~2018年，采取牺牲阳极保护措施对"致远舰""经远舰"的金属舰体及金属类文物展开水下保护工作。

牺牲阳极法是一种防止金属腐蚀的方法，将还原性较强的金属作为保护极，与被保护金属相连构成原电池，还原性较强的金属将作为负极发生氧化反应而消耗，被保护的金属作为正极就可以避免腐蚀。1823年，英国的Davy在研究木质舰船铜包皮海水腐蚀时，采用金属锡、铁和锌进行对铜的保护试验，为牺牲阳极保护的最早相关报道；

图21　重庆白鹤梁水下博物馆

2021年

2017年

图22 克罗地亚罗马时期遗址
（保护笼）

图23 "南澳Ⅰ号"水下保护

图24 苏格兰摩尔杜尔海峡沉船
（Duart Point wreak，沉没
于1653年）的铁炮上连
接一块铝制阳极

图25 物理模型示意图

| 图22 | 图23 |
| 图24 | 图25 |

1824年，Davy首次提出用锌块来保护船舶的方法。随后，牺牲阳极保护技术应用于水下考古遗址原址保护（图24）。

牺牲阳极法被大量运用在金属文物及沉船保护中，但仍存在一些问题：首先，传统的牺牲阳极保护设计主要依靠实际测量或经验估算的方法进行，但水下条件复杂，工作难以展开；其次，沉船遗址是一个相对复杂的遗址，被保护遗物的结构、材质和所处的环境等也相对特殊复杂。因此，对于船舰原址保护的牺牲阳极保护技术具有一定的特殊性和复杂性，阳极装置的数量与位置均需要进行精确计算。

近年来，我开展了牺牲阳极技术水下遗址原址保护相关的大量研究，以下以"经远舰"为例，对其牺牲阳极保护的数值模拟预研究进行讨论。

对于"经远舰"的数值模拟物理模型建模过程均在Comsol模拟软件的腐蚀模块中进行（图25）。针对沉船周围的铁甲需进行阴极保护模拟研究，创建较沉船基体50倍大的海水电解质区域，并划分为211364个域单元，11904个边界单元，999个边单元，104个顶点单元。

除此之外，需对海水环境进行模拟，并区分海泥和海水环境。钢质船舶在海水中的保护电位范围为 $-0.75 \sim -0.95V$ (vsAg/AgCl)，牺牲阳极数量越少，沉船表面局部电流密度越大，沉船基体发生腐蚀时腐蚀速率则越大。通过大量模拟实验，确定了最佳阴极保护方案：将10块150公斤左右的铝合金牺牲阳极均匀地布置在沉船基体两侧，对"经远舰"进行原址保护，牺牲阳极寿命均可达8年左右，能够减少海水腐蚀，延长沉船寿命（图26、图27）。

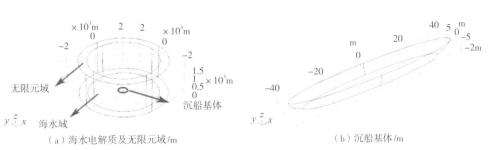

（a）海水电解质及无限元域/m

（b）沉船基体/m

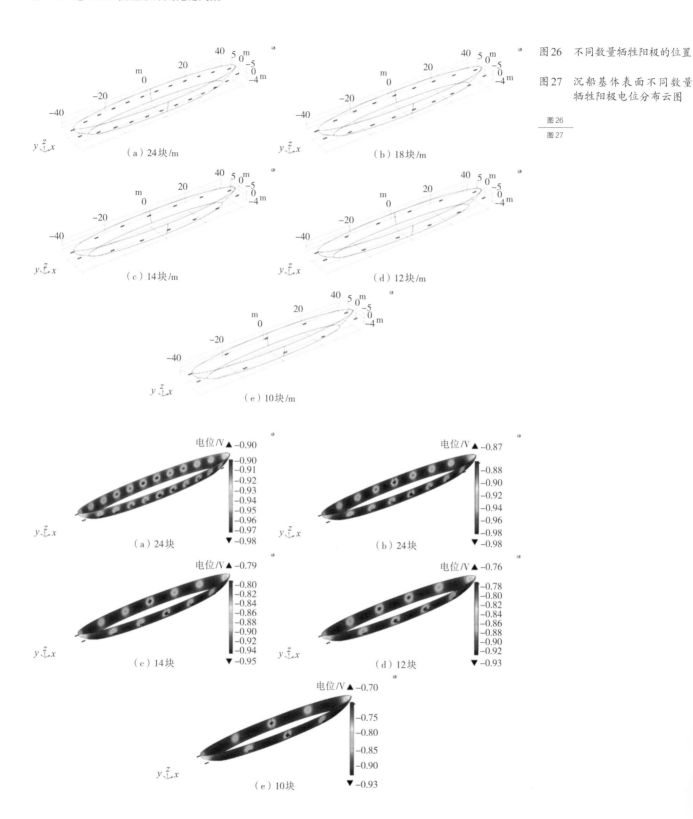

图26 不同数量牺牲阳极的位置

图27 沉船基体表面不同数量
牺牲阳极电位分布云图

图26
———
图27

四、出水文物保护的几个案例——多学科交叉创新

除文物现场保护外，还需对出水文物进行后续保护修复。

1."致远舰"出水舰徽瓷盘

2015年进行船体发掘工作时，在水中发现大量散落瓷片。通过水下提取、出水后拼接，在盘上发现"致远舰"舰徽，由此提供了沉船为"致远舰"的直接证据。文物保护人员在现场进行临时性修复加固（图28），转移到陆地之后对其进行一系列多学科多手段的分析与评估，分析其保存状况、病害，并制订保护修复方案，在修复实验后进行最终修复（图29）。

2. "致远舰"出水单筒望远镜

2016年我们于"致远舰"发现一单筒望远镜，呈长筒形，镜筒用铜皮制成。由于制作材料与环境等原因，发现时望远镜破损严重，在水下进行加固，并提取出水，在文物保护实验室对望远镜进行清洗、拆解、测绘、评估等工作，并在后续工作中制订保护修复方案，在保持原貌的基础上进行最大限度地修复（图30）。单筒望远镜物镜筒上刻有威妥玛字母，可辨识为"Chin Kin Kuai"，经查证，为"致远舰"大副陈金揆的英文名。陈金揆是"致远舰"仅次于邓世昌的第二号人物，该望远镜是舰上唯一明确使用者身份的物品。

3. "致远舰"出水加特林机枪

由于"致远舰"长期埋藏于黄海的海泥中，受到海流的冲刷、海水的浸泡和海底生物的噬食等多种破坏因素，文物保存情况较差（图31）。因为文物体积较大，采用吊笼进行打捞，打捞出水后，环境的改变，使得存在于表面凝结物中的海水和铁的腐蚀产物在凝结物疏松的部位会发生盐析现象，同时氧气可到达铜基体，导致铜炮的腐蚀

图28　"致远舰"出水舰徽瓷盘
　　　发掘现场及临时性修复
　　　加固

图29　"致远舰"出水舰徽瓷盘
　　　修复保护成果

图30　"致远舰"出水单筒望远
　　　镜修复保护成果

图31　"致远舰"出水加特林机
　　　枪发掘现场

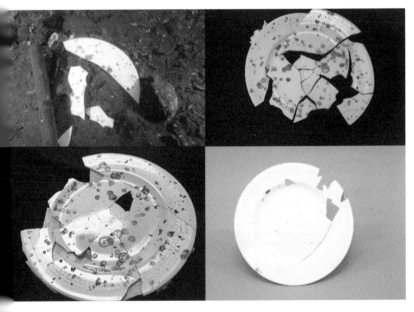

加剧，为后续的文物修复与保护提出了重大挑战。

后经过科学分析与检测，炮身为铜铁复合材质，根据文物保存状况制订完整的保护修复方案（图32）。为了实现对保护成果的有效利用，让文物活起来，采用三维激光扫描技术和3D打印技术，制作了三维数字模型和3D打印铁炮模型，在保护项目完成后，以多种方式积极传播保护成果。参观者可以通过自动控制软件，进行铁炮的全方位观察，提升了观众的沉浸式参与感。

图32 "致远舰"出水加特林机枪修复保护成果

4. "经远舰"出水木牌

2018年在"经远舰"水下考古抽沙过程中偶尔发现一枚刻有"经远"二字的木牌，为确认这艘沉舰的身份提供了证据。在文物提取打捞时使用海绵包装，以起到保湿、防碰撞作用。运输至实验室后，工作人员随即利用红外相机和超景深三维视频显微镜对木牌的文字进行识别与研究。经过大量调研，确定其文字制作方式为烧刻方法，相较墨书能够延长文字保存时间。

木质材料比较脆弱，在保护修复时需要特别注意。对于木质文物的保护，第一步要进行脱盐处理。通过清洗、浸泡等方法去除引起木质材料严重降解变质的盐分，木质材料中的盐分包括因含盐海水造成的可溶性盐，以及由于船中较多金属部件与电解质结合产生难溶盐类。第二步为脱水加固处理，使用化学高分子材料替换水分子，高分子材料可与木材结合交联，以保持木材的形状与强度。第三步干燥处理，一般的干燥处理方法有低温冷冻、自然干燥等，需根据木材保存状况采取不同措施。最终在保证文物原貌性、可识别性的前提下进行保护与修复（图33）。

无论是水下考古、现场文物保护、水下考古遗址原址保护，还是出土文物保护，均可以看出水下考古学是一门多学科交叉的学科。水下考古与文物保护更是涉及潜水工程技术、海洋勘探技术、潜水物理、潜水医学、海洋物理、海洋化学、海洋生物、遥感技术、材料科学等诸多领域，需要相关学科的技术支持。总的来说，水下考古是

图33 "经远舰"出水木牌修复
保护成果

多学科合作的过程，随着各种人文科学理论及自然科学技术的发展和与考古学领域的交融创新，考古学的面貌发生了巨大的变化，促进了考古学的多元化发展。正因如今多学科的发展与交融，诸多新技术、新手段的应用，为我国水下考古与文物保护事业发展提供了新方法、开辟了新思路，也为世界水下考古与文物保护提供了中国经验。

孙　蕾 / Sun Lei

建筑学博士，敦煌研究院与武汉大学联合培养博士后，大连理工大学建筑与艺术学院讲师。主要从事中国传统建筑营造技术以及建筑图像的研究，参与多项国家自然科学基金项目、国家社会科学基金项目及省部级科研项目。

唐代敦煌壁画中建筑图像简介

孙　蕾

感谢刘元风教授的介绍，非常有幸能够受到北京服装学院敦煌服饰文化研究暨创新设计中心的邀请进行本次讲座。我今天的讲座题目是《唐代敦煌壁画中建筑图像简介》。唐朝历史近三百年，莫高窟开窟造像数量极大，为莫高窟各时期之最，除此之外，其还遗存了一批相当丰富的建筑图像。本人的主要研究对象为敦煌壁画中的唐代建筑图像。今天的讲座主要向大家介绍一下本人近期的研究成果，分为以下五个方面：敦煌建筑、敦煌壁画、建筑类型、图像解读、建筑推想。

一、敦煌建筑

敦煌建筑内容丰富、形式多样，主要包括实体建筑和建筑图像，实体建筑如石窟建筑和敦煌周边古建筑遗存；建筑图像主要是敦煌壁画中的建筑图像。

石窟又被称为"石窟寺"，它相当于寺庙的一种。莫高窟的开凿时间，一般公认为是十六国时的"秦建元二年"（366年），依据原藏于莫高窟第332窟的《李君莫高窟佛龛碑》[因其刻成于唐圣历元年（698年），又称《圣历碑》]的记载可知莫高窟之由来："莫高窟者，厥初秦建元二年（366年），有沙门乐僔，戒行清虚，执心恬静。尝杖锡林野，行至此山，忽见金光，状有千佛，遂架空凿岩，造窟一龛。次有法良禅师，从东届此，又于僔师窟侧，更即营造。伽蓝之起，滥觞于二僧。复有刺史建平公、东阳王等，各修一大窟。自后合州黎庶，造作相仍。"（敦煌文献《莫高窟记》及第156窟前室门上的题记也有类似记载）。

除知晓莫高窟的开凿历史外，观察莫高窟所处的地理位置可知，其具有邻水而建的特点。在鸣沙山和三危山中间有一条宕泉河，再看中国境内其他石窟的位置，发现在每一个石窟的附近都会有一条河流出现。石窟临水而建一是为了满足在开凿石窟过程中的工程用水，二是要满足居住在石窟内的工匠以及僧人的生活用水。因为石窟的营建选址基本上是远离城市，多位于山体之间，为了满足日常工作和生活的需要，所以在石窟选址的过程中就会有邻水而建的趋势。

这是各时代敦煌莫高窟的石窟分布情况（图1）。红色代表莫高窟十六国至北周早期洞窟的分布情况，早期洞窟的开凿位置基本位于莫高窟标志性建筑九层楼的北侧，洞窟基本处于崖面质量最好的地段。绿色代表莫高窟隋唐时期中期洞窟的开凿情况。至隋唐时，

莫高窟各朝代窟分布图

（高窟）

南大像窟（莫130）　　　　　　北大像窟（莫96）

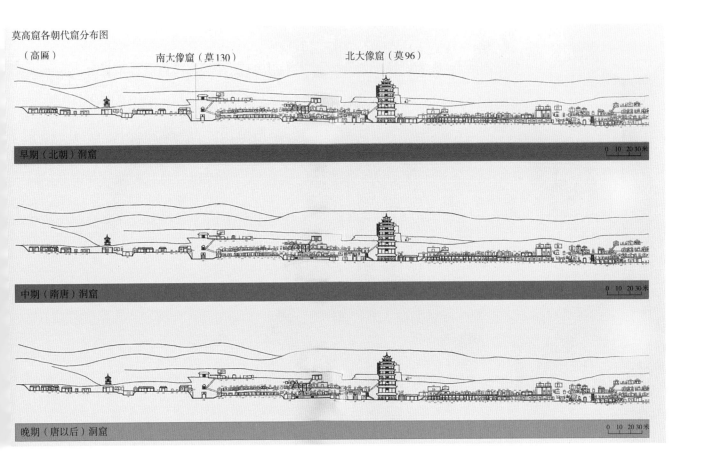

早期（北朝）洞窟　　　　　　　　　　　　　　0 10 20 30米

中期（隋唐）洞窟　　　　　　　　　　　　　　0 10 20 30米

晚期（唐以后）洞窟　　　　　　　　　　　　　0 10 20 30米

图1　莫高窟各朝代洞窟分布图
　　　（《敦煌石窟全集》卷1）

图2　禅窟模型（莫高窟第268窟）

图3　中心塔柱窟模型（莫高窟
　　　第254窟、第332窟）

图1	
图2	图3

不论从建筑角度还是从石窟开凿角度，或者从佛教信仰方面来看，均达到鼎盛状态，因此在这个时间段，莫高窟崖壁之上开凿的洞窟数量是非常多的。蓝色代表唐以后莫高窟晚期的洞窟开凿情况。如图1所示，隋唐时期占据了大量的崖面空间，而洞窟如果继续向南开凿的话，已经没有具备开凿洞窟的崖面位置。唐代以后新开凿的石窟比较少，重新绘制壁画的情况多有出现，尤其出现在洞窟的前室和甬道部位，主室的壁画则尽可能保留。

　　莫高窟的石窟建筑中不同时代的石窟形制呈现不同特色，大致分为禅窟、中心塔柱窟、大像窟、殿堂窟、涅槃窟、中心佛坛窟。莫高窟早期石窟建筑以禅窟和中心塔柱窟为主，禅窟典型代表是莫高窟第268窟（图2）。北魏时期，中心塔柱窟开始出现在莫高窟中。早期的禅窟只需要满足禅僧修禅即可，没有过多其他功能，而中心塔柱窟增加了实施佛教仪轨的空间——供人绕塔膜拜（图3）。除此以外，中心柱还能为洞窟承担一部分来自崖壁上的压力。

人像窟是莫高窟中比较特殊的石窟类型，出现在盛唐时期，即莫高窟第96窟和第130窟（图4）。

殿堂窟是隋唐时期典型代表石窟，但在西魏时期就已经出现了这种殿堂窟（图5）。殿堂窟窟顶为覆斗顶形式，斜向的四披可以很好地分解来自窟顶的压力，是隋唐时期建造技术水平进步的体现。殿堂窟内佛龛出现在主室西壁的位置，由于莫高窟整体是沿着南北向崖壁开凿，所以洞窟的主入口基本位于东侧，主室的主要壁面为西壁，同时为了模仿佛寺殿堂建筑，因此会在西壁开一龛放置佛像。殿堂窟的出现使得中心柱逐渐消失，洞窟内的利用空间增加。这一现象与唐代讲经说法的盛行有关。在唐代无论是洞窟还是佛寺建筑，都已经成为讲经说法的重要场所，而观像拜佛的功用退居其次，故西壁佛龛空间取代中心柱成为的重要建筑空间。

莫高窟还有一种非常独特的窟形——涅槃窟（图6），涅槃窟的名称确定与其中的涅槃相有一定的关系。涅槃窟的主室与殿堂窟相似，是一个比较大的空间，但二者的窟顶样式并不相同。莫高窟有两个涅槃窟，一个是第158窟，其窟顶为盝顶，另外一个是第148窟，其窟顶为圆券顶。然而，无论是盝顶还是圆券顶都意欲模仿棺木的结构来表达佛涅槃的场景。

另一种洞窟形式是中心佛坛窟（图7）。莫高窟晚唐以后开凿了一些体量大的洞窟，尤其在归义军时期营造的洞窟将隋代早期的小型洞窟合并，形成一个体量更大、进深更深的大洞窟。事实上，中心佛坛窟相当于是中心塔柱窟与殿堂窟的结合体，在主室中心设置佛坛，并在佛坛的西端位置立连接佛坛和窟顶的屏风。中心佛坛的出现使得佛像立在佛坛之上，洞窟礼拜、参拜的对象位置再次转移，因此中心佛坛窟中的西壁便不再开龛供奉佛像。以莫高窟第61窟为例，西壁为著名的《五台山图》，无佛龛出现。值得一提的是，梁思成先生正是依据《五台山图》中对大佛光寺的图像记载，发现了一组非常重要的唐代殿堂建筑——佛光寺的东大殿。是以，莫高窟对推动建筑史学的发展有不可替代的作用。

接下来进一步了解石窟空间布局。以莫高窟第431窟木构为例，洞窟形制为典型中心塔柱窟，具有主室、甬道、前室三个建筑空间，前室外有木构窟檐。如洞窟剖面图所示（图8）中心柱所在地方为洞窟主室，主室前较为狭窄的地方为甬道，甬道前面为洞窟前室。莫高窟第431窟虽为北魏时期洞窟，但前室的木构窟檐为宋代时期重建。洞窟前室整体是一个面阔三开间的小殿堂，窟檐的柱头斗栱为六辅作，栱眼壁间绘制彩色壁画，门为唐宋时期佛寺建筑常用的板门，窗为直棂窗形式，窗下的坎墙也同样绘制了一些彩色壁画（图9左侧）。图9右侧为外檐转角斗栱细节图，可以看到在45°角的位置出现的斜向斗栱部件。除了宋代的窟檐，在莫高窟还可以看到清代的窟檐，以莫高窟第16窟、第17窟的三层楼最具代表性。另一代表性的木构窟檐为第96窟的九层楼，原为五

图4 ｜ 图5 ｜ 图6 ｜ 图7

图4 大像窟（莫高窟第96窟和第130窟）

图5 殿堂窟（莫高窟第217窟）

图6 涅槃窟（莫高窟第158窟）

图7 中心佛坛窟（莫高窟第1窟、第61窟）

图8　莫高窟第431窟－石窟结构
　　　（《莫高窟形》、敦煌研究
　　　院陈列中心）

图9　莫高窟第431窟－宋代木构
　　　窟檐及外檐斗栱（吴健摄）

图8
——
图9

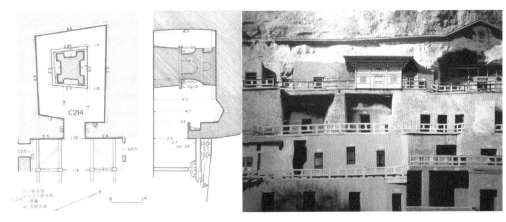

层楼木构建筑，后在民国时期重新修建，成为现今看到的九层楼建筑。

　　莫高窟除石窟本身和木构窟檐外，在周边还存有一些具有代表性的古建筑，其中
既有木构建筑，又有夯土建筑。木构建筑以从三危山搬下来的宋代老君堂慈氏塔为代
表，该塔的形制在莫高窟的壁画中可以找到对应形象。另一个是莫高窟景区入口处清
代建造的小牌坊。夯土建筑以塔为主，最著名的是清代建造的王道士塔。

二、敦煌壁画

　　除了上述的集中建筑以外，数量最多的就是出现在敦煌壁画中的建筑。敦煌壁画，
特指中国敦煌石窟内壁的绘画艺术作品，属于世界文化遗产。敦煌壁画总面积5万多平
方米，包括敦煌莫高窟、西千佛洞、安西榆林窟等522个石窟的历代壁画，规模巨大，
技艺精湛，内容丰富，题材广泛。敦煌壁画反映了当时中原与西域之间的文化交流，
反映了当时的审美取向和世俗风貌，建筑图像是其中的成果之一。从敦煌壁画中发掘
建筑信息，是从建筑史学、美术史学的角度对其进行文化价值和实用价值的挖掘，是
从研究到实践的重要结合，也是敦煌研究院坚持的"保护、研究、弘扬"工作方向的
体现。

　　敦煌壁画根据壁画内容可分为尊像画、经变画、佛教故事画、图案画、山水画等。

尊像画包括各种佛像、菩萨像、弟子像、护法神像等。刘元风教授带领敦煌服饰文化研究暨创新设计中心团队对敦煌服饰进行了深入研究，其中非常重要的一部分是对尊像画上的诸多人物服饰进行深入分析和科学复原。

图案画主要分布在窟顶和一些边饰图案上。窟顶尤其是甬道顶、壁龛顶会出现平棋，边饰图案多绘于主室窟顶的藻井、龛口两边以及经变画和故事画的边饰。窟顶装饰相当于宫殿建筑中的天花板——平棋，北京故宫太和殿内的平棋可作参考（图10）。莫高窟唐代洞窟中的平棋以团花图案装饰居多，团花图案也是唐代主要流行装饰图案之一。藻井上的装饰图案更加丰富，既有植物图案又有动物图案，由于2023年是中国的兔年，敦煌莫高窟"三兔共耳"藻井图案成为非常流行的图案（图11）。边饰常作为壁画中建筑构件的装饰与点缀出现，在卷帘、栏杆、平台等处也有花草和几何图案装饰。

乐舞画像是敦煌壁画中比较重要的一部分，有经变画中佛国世界中的天人乐队，也有世俗世界中的乐舞场景。通过对乐舞图的研究不仅可以了解当时的乐舞片段，还可以了解到当时宫廷生活与社会生活中的娱乐活动。

敦煌壁画中还有包含山水画、花鸟画、动物画、器物画等众多题材的故事画，在故事画中还可以看到与人们生活息息相关的民俗场景。

经变画是综合表现佛经内容的大型图画，在莫高窟隋代时期的作品就已经出现，唐代以后经变画成为洞窟中最重要的壁画内容。早期经变画中以佛说法作为整体图像的重点表达内容，唐代以后，经变画对于场景的表达大大增加，以《西方净土变》中阿弥陀佛经变和观无量寿经变为主，开始出现宏大的说法场景。为了展现说法场景的宏大，出现了很多天人伎乐与听法天众。听法天众在不断增加的同时，建筑空间也在不断扩大，为了承载更多的人，新的建筑空间也就应运而生。

图 10 ｜ 图 11

图 10 北京故宫太和殿平棋（孙蕾摄）

图 11 莫高窟第205窟－三兔莲花藻井（《敦煌石窟全集》卷14）

三、唐代敦煌壁画中的建筑类型

敦煌莫高窟的壁画的建筑图像十分丰富，在十六国北朝时期就已经出现了城阙、塔、宫殿等建筑类型。事实上，除建筑图像外，在故事画和经变画中也可发现许多不同类型的建筑图像，这些建筑图像进一步又分为建筑构件和场景建筑。

建筑构件是石窟建筑的组成部分之一。以壁龛两侧的壁柱最为典型，如莫高窟第57窟西壁龛内龛两侧绘制的束莲八棱柱（图12），在柱身间隔四分之一的位置上绘束莲纹。八棱柱在隋代洞窟中常有出现，初唐洞窟仅在第57窟、第60窟、第204窟中出现，盛唐、中唐时期的洞窟中均未得见，直至晚唐时期一些洞窟中，在西壁壁龛两侧出现一种莲花束柱，但由于柱身上没有明显的界面区分，故无法判定其是否为八棱柱，如莫高窟第29窟。除图像外，敦煌莫高窟中也可见八棱柱实物，即现存宋及以前的木构窟檐（莫高窟第196窟、第427窟、第431窟、第437窟、第444窟）。如莫高窟第444窟，窟檐檐柱的柱头和柱身中段绘有束莲纹和联珠纹（图13）。除敦煌莫高窟外在北魏云冈石窟第9窟（图14）、北齐北响堂山的释迦洞中的石柱（图15）中都有发现八棱柱的身影。如此，就证明了在初唐之前，八棱柱存在一定传承关系，其不仅存在于木构建筑中，也存在于石制建筑中。

上述八棱柱多为北方建筑案例。事实上，在宋代南方宁波保国寺大殿内存在一种瓜棱柱（图16），圆柱表面有多瓣瓜棱状，也作"瓜楞柱"。瓜棱柱为拼合柱，即圆木结合多块榫卯拼接而成，在宋《营造法式》卷三十中对拼柱法的具体做法有详细记载（图17）。宋代河南登封初祖庵大殿中的柱身仍为八棱柱，延续北方建筑传统样式。故可作推想：南北地区柱身形态存在审美差异，北方偏好用一根完整木材削制成线条刚

图12　莫高窟第57窟－西壁龛
束莲八棱柱

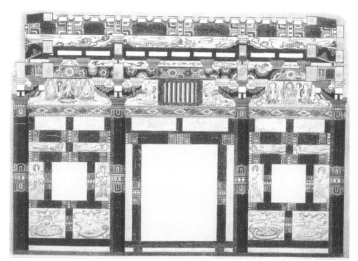

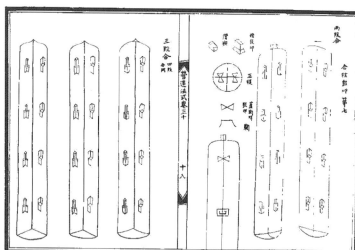

图 13　莫高窟第444窟 - 内檐彩画（孙儒僩临摹）

图 14　云冈石窟第9窟

图 15　北响堂山释迦洞 - 石柱

图 16　浙江宁波保国寺大殿 - 瓜棱柱

图 17　拼柱法（《营造法式》卷三十）

图13	图14
图15	图16
图17	

直的八棱柱，南方则偏好组合式曲线柔美的瓜棱柱。

另一类型的建筑图像为壁画中的场景建筑，主要有群组建筑和单体建筑两种形式。群组建筑有城池、宫殿宅邸、佛寺建筑群等。建筑场景和建筑图像除了是对经文及佛传故事的反映，也是对现实建筑的写仿。通过对壁画中建筑和图像的分析，可以了解唐代的建筑形式。

1. 城池

城池作为佛讲经说法的重要建筑场景是壁画中不可或缺的重要组成部分。莫高窟第148窟涅槃经变中的拘尸那城（图18）绘制有城门、角楼、城墙，在城墙中可以清晰地看到对城垛的描绘。榆林窟第25窟弥勒经变中的翅头末城（图19）同样描绘了城池图像，这座城池除了城门和角楼外，还可以看到城外有护城河，同时也能清晰地看出城墙为夯土结构。

虽然在已发掘的唐代宫殿遗址周边尚未发现护城河的痕迹，但我们在北宋东京城城市规划轮廓图可见宫城、旧城及新城城墙外均有护城河，北京故宫城墙之外同样有护城河（图20）。在翅头末城的城墙中清晰可见一层一层土红色密集横线，横线就是版筑夯层的表示。从敦煌西郊汉长城遗址可以真实地看到这种夯土结构的具体实例。

莫高窟第9窟维摩诘经变中毗耶离城（图21），该城池图像清晰表现了城池的城门结构。城台中间绘有三道门道，门道处板门清晰可见，值得注意的是城门的支撑方式为木结构，这种支撑方式在北宋张择端的《清明上河图》、山东泰安岱庙的城门建筑（图22）都可清晰看到，陕西西安大明宫国家遗址公园丹凤门遗址上新建的城门正是参考了敦煌壁画中城门图像和遗存的建筑实例。

18　莫高窟第148窟－拘尸那城

图 19　榆林窟第 25 窟 – 翅头末城

图 20　北京故宫角楼及护城河

图 21　莫高窟第 9 窟 – 毗耶离城

图 22　山东泰安岱庙城门 [恩斯特·柏石曼（Ernst Boerschmann）1907 年拍摄]

图 19	
图 20	图 21
图 22	

另外，门道的数量可以体现城门建筑的等级，壁画中的城门，门道数从一到五都有。五个门道表示其为皇宫建筑，唐代大明宫遗址即存有五个门道。三个门道可能为皇宫侧门和一座城池的大门，一至两个门道为等级较低的州郡城门。

2. 宫殿宅邸

莫高窟初唐第431窟北壁绘制的未生怨中频婆娑罗王宫殿为一座三进的建筑（图23），包括城门、城道、主殿等建筑，在图像的下方看到院落有一段突出，但现今挖掘的遗址当中，唐代的大型宫殿和宅邸建筑，院落以直墙为主，院落的多折画法应该只是壁画的一种装饰手法。未生怨中建筑宫殿建筑群中出现了乌头门。乌头门在唐代《营缮令》中的记载，仅五品以上的官员才有资格营造，宋代以后又称为"棂星门"，现存的乌头门多为石造棂星门常见于文庙。莫高窟第23窟和第217窟中都存在乌头门形象，同样传递了壁画中建筑等级之高的信息。尤为有趣的一点是，在第217窟中一墙之隔可以看到中西两种不同风格的建筑形象相邻而建，直观地表达出唐代敦煌是一个中西方建筑文化并存的区域。莫高窟第172窟未生怨发展为条幅画的形式，除根据故事内容将其定为宫殿，依据建筑的等级象征也可将故事发生的地点定为宫殿（图24），判断依据有两个：第一，宫阙。为示王宫所在，绘制了宫阙形式的城门，且开了三个门道。第二，棨戟。壁画中出现在王宫城门前排列旗、戟的形式，这是唐代具有一定地位的重要建筑门或三品正职官员宅邸门前陈列戟架的一种礼仪制度，称为"棨戟"。壁画一侧绘有一面旗子和八杆戟，形成九戟形式，两侧共十八戟与《唐六典》中"东宫诸门施十八戟"一致。❶综合宫阙、棨戟等信息可将莫高窟第172窟未生怨中的建筑定义为宫殿。

盛唐时期未生怨中的院落形式除常见的条幅画式，还有如莫高窟第215窟和第103窟所示左右并列院落式结构（图25），该类型院落非一条轴线排布，而为左右排布并且中间有一巷道，这与实体建筑也可对应。河南洛阳正平坊一号庭院遗址（图26）中的院落结构可见中路的建筑分布在一条南北轴线之上，与两侧院落的关系是用一条巷道分割。无论是第172窟、第215窟还是第103窟中的宫殿布局形式，在此遗址中均可见。值得注意的是，未生怨中并非全部为宫殿，其还存在宅邸。莫高窟第148窟未生怨（图27）中的建筑图从建筑等级角度可视为宅邸写仿，由图可见，条幅画中并未出现能够

23　莫高窟第431窟－频婆娑罗王的宫殿摹本（局部）

❶ 孙毅华. 敦煌壁画中"城"的形象与演变 [J]. 南方建筑,2010(6):60–63.

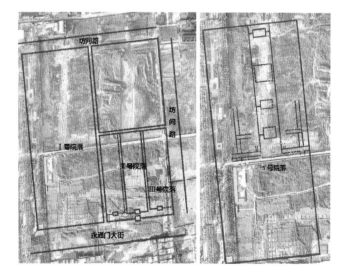

图 24　莫高窟第 172 窟 - 频婆娑罗王的宫殿（局部）

图 25　莫高窟第 215 窟、第 103 窟 - 频婆娑罗王的宫殿

图 26　河南洛阳正平坊一号庭院遗址示意图

图 27　莫高窟第 148 窟 - 频婆娑罗王的宅邸

图 24	
图 25	图 27
图 26	

代表宫殿的门阙和棨戟，且分隔各院落的院门都是面阔一间的悬山顶建筑。悬山顶的建筑等级较低，一般多出现在宫殿较为偏僻的地区，为宫女侍卫行走的偏门，尤其第五进院落中的正殿建筑屋顶为八角攒尖顶，这种屋顶也是等级并不高的建筑，多用于庭院建筑而非正殿。综上，第148窟未生怨中出现的整组建筑群组更接近于王府或者大臣的宅邸，而非现实世界中真正的宫殿建筑。❶

　　敦煌壁画中的建筑图像并非对现实建筑的完全写生，其存在一定图像化处理，并带有画匠自身对于建筑的理解。现实中的宫殿建筑如唐长安城大明宫含元殿、麟德殿，考古发掘报告显示它们都是面阔11间的大殿（图28、图29），而上文所述第172窟、第

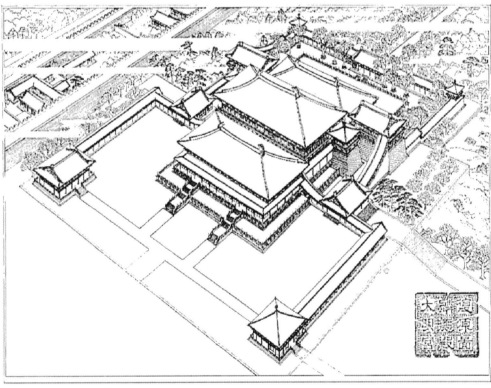

图28

图29

28　陕西西安唐长安城大明
　　宫含元殿全景复原图

29　陕西西安唐长安城大明
　　宫麟德殿全景复原图

---

❶ 孙蕾. 莫高窟 148 窟观无量寿经变壁画中的建筑形象解析 [J]. 建筑与文化, 2019 (11) : 247–249.

320窟、第148窟中的主要殿堂建筑均不超过五开间。也就是说，敦煌壁画在对真实建筑进行写仿时，会根据图像内容和建筑单体所占比重进行图像化处理，并未绘制出完整地能完全表达建筑等级的建筑样式。尽管壁画最主要的功能是表现经文故事情节，建筑多作为背景而存在，且绘制时存在图像化倾向，但依然可以通过对城门、棨戟、乌头门等图像细节来判断建筑群的等级，了解建筑类型。

3. 佛寺建筑群组

佛寺建筑是敦煌壁画当中存量最大的一种建筑类型。唐代早期佛寺建筑类型延续了隋代弥勒经变中一殿二配的形式。从唐代开始，经变画成为敦煌壁画的重要主题，此时的经变画对建筑群的刻画更注重建筑体量和环境纵深空间的关系，与其渲染歌舞升平的净土世界主题一致。为了更贴切经文中的内容，宝池平台和丰富的建筑布局成为净土经变画中最突出的特点。盛唐时期经变画的绘制方式延续初唐一铺式绘画，其中在观无量寿经变、阿弥陀经变、药师经变中以表现大型寺院建筑群为主，由于经变画画幅增大，所以对于其细部描绘更加精细，还反映了建筑与人物的关系。如莫高窟第148窟弥勒经变所示，人主要在建筑之外（图30）；莫高窟第217窟所示为人在建筑中的活动（图31）。莫高窟第217窟中主要人物（这里主要指说法相）与建筑处于一种前后平行的关系。正中说法相中的佛及菩萨、天人所在的莲池与露台，中轴线上有前后佛殿，前殿两侧有楼、阁、台、碑各一座，后佛殿下有平座，佛殿两侧有回廊周绕。主要人物在前，建筑背景在后，佛寺建筑比例适宜，建筑成为说法场景的一部分，并且该壁画建筑群中首次出现了钟楼与经楼相组合的配置。第172窟观无量寿经变则是建筑从三个方向将主要人物包围在中间，能够更好地烘托出佛是在一个建筑环境中说法的状态（图32）。

在敦煌壁画中的单体建筑类型数量最多的非塔莫属。敦煌壁画中的塔，形式多样，种类繁多。从建筑材料的角度来看，主要有木塔和砖石塔。砖石塔以印度窣堵坡塔和《法华经·见宝塔品》中的多宝塔为代表。木塔又分为单层木塔和多层木塔。

图30 莫高窟第148窟－弥勒经变

图31

图31　莫高窟第217窟－观无量寿经变

图32

图32　莫高窟第172窟－观无量寿经变

四、莫高窟第148窟东方药师经变图像解读

莫高窟第148窟由敦煌李氏家族于唐大历十一年（776年）开凿完成，这个时间正是盛唐末期。位于洞窟主室东壁北侧的东方药师经变，表现的是《药师琉璃光如来本愿功德经》（简称《药师经》）中所述药师如来在名为"东方净琉璃世界"的净土世界中讲法的场景，也是现存药师经变壁画中规模最大的一铺。此经变为"中堂式"构图，将东方净土变相与西方净土变相的构图形式等同，图像中央为药师净土庄严相，也是从图像的角度对经文中东方净琉璃世界与西方极乐净土世界的"等无差别"的映衬。两侧条幅画绘制了《药师经》所述"十八大愿"与"九横死"，经变下方是西夏时期绘制的供养人像。盛唐以后，其成为敦煌壁画中药师经变的主要范本，后面相似题材绘画的内容和构图形式也多以此为参照。

在解读图像前，先对图像进行矢量化，将建筑图像从整个经变画中提取出来并覆色。在图像矢量化的过程中，会对建筑图像的具体结构、建筑群组之间的组合关系有了更加清晰的认知。对提取的建筑线稿进行覆色时，色彩的选择采用付心仪学者总结出的敦煌壁画唐代常用颜色色板，经过一系列色彩实验后最终获得一幅符合当代审美的药师经变彩色图像（图33）。莫高窟第148窟东方药师经变图像解读主要对内容划分、布局比例、壁画透视、观看视角四点进行分析。

1. 内容划分

整个经变图像基本由宝池段、建筑段、虚空段三个部分构成（图34）。虚空段包

图33　莫高窟第148窟－东方
师经变彩色矢量图

图34　莫高窟第148窟－东方药
　　　师经变内容划分示意图

含十方诸佛及不鼓自鸣等内容。虚空段下方的建筑段包含了药师经变中大部分的建筑。虚空段和宝池段位于中央说法图之上，而位于中央说法图之下占据近一半画幅的宝池段包含中央说法图、宝池平台及平台上听法的众菩萨、弟子、舞乐等。

2. 布局比例

将药师经变的大致区域划分结束后，确定壁画整体的布局比例是极为重要的一件事情（图35）。首先，以中心说法图中药师佛的背光形成圆，以此圆的半径为边长划分网格；其次，以此网格中的三个方格为基本单元，本图中所有建筑的占图面积都是以这个单元为基础进行的划分。

3. 壁画透视（图36）

"正面—平行法"是我国传统绘画经常采用的一种绘制建筑的方法，位于此药师经变下方左右两侧的殿以及建筑群组中横向分布的廊庑都是采用了"正面—平行法"。除"正面—平行法"外，建筑段的大部分建筑图像则采用"飞鸟投影法"绘制，即将视点（利点）的移动限定在一个平行于画面即连续利点平面上。❶敦煌壁画中对于飞鸟投影法进行了一定的扩展，并非将单独建筑作视点，而是以一组建筑作视点。敦煌壁画采用飞鸟投影法可以表现更加丰富的建筑内容，展现更广阔的建筑视域。

4. 观看视角

在观赏第148窟以前的大型经变画时，平视的是说法图，俯视的是说法图前方的舞乐，仰视的是十方诸佛和空中的不鼓自鸣。但观看第148窟的药师经变时，人的观看视角整体为仰视（图37）。若将此铺经变脱离于墙壁观看壁画，发现壁画绘制时的视角选择同第220窟是相同的。第148窟壁画位置整体上移，因此在第148窟中无论供养人是跪拜姿势还是站立姿势，其视线均为仰视视角。另外王治博士提出了视阶

❶ 吴葱. 在投影之外：文化视野下的建筑图像学研究 [M]. 天津：天津大学出版社,2004:232.

的概念❶，即沿中轴线上不断上升的灭点在画面上形成的数个视点。其所表达出的建筑群信息从平台开始逐层上升，并且通过视线的移动可以将整个佛国世界纳入供养人眼中。

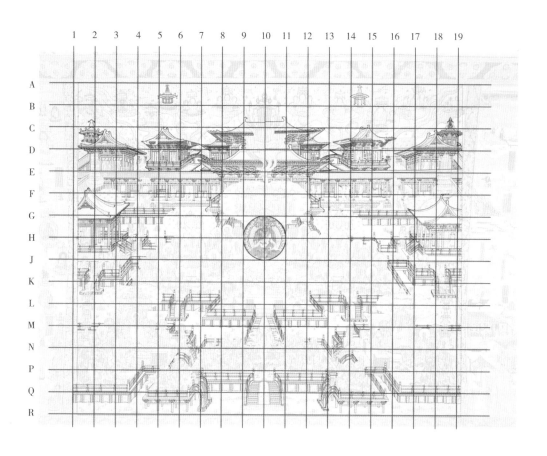

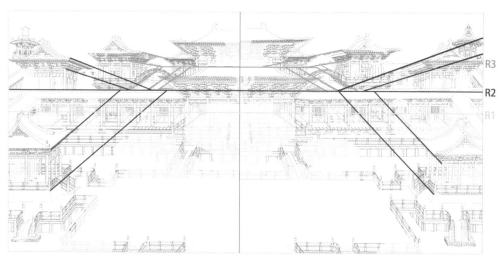

图35
图36

图35　莫高窟第148窟－东方师经变网格图

图36　莫高窟第148窟－东方师经变透视图

❶ 王治. 空间表达与寓意 [D]. 北京：中央美术学院，2011.

图37　莫高窟第148窟－药师经
　　　变视角图

五、莫高窟第148窟东方药师经变建筑推想

　　通过上述对第148窟药师经变画中建筑形象的图像解读，整理出各建筑之间的对位关系。现根据上述已知信息对莫高窟第148窟建筑群作推想与复原。由于建筑在经变画中并非独立存在，其往往作为背景存在于壁画中，因此要提取完整的建筑结构首先要将遮挡处的建筑进行补充（图38）。其次，确定建筑群组之间的位置关系，包含平面关系和竖向关系，最后对单体建筑作推想与复原。

　　1. 平面关系（图39）

　　通过对第148窟药师经变中建筑群组中的第一进院落和第二进院落进行解读可知，第一进院落根据中央正殿与廊庑的屋顶交接关系可以有两种解读，一种可能是廊庑直接与中央正殿两侧衔接，另一种可能是中央正殿独立于平台之上，两侧廊庑实际是与其后的第二复殿两侧连接。根据第一进院落建筑群的布局关系，第二进院落建筑的布

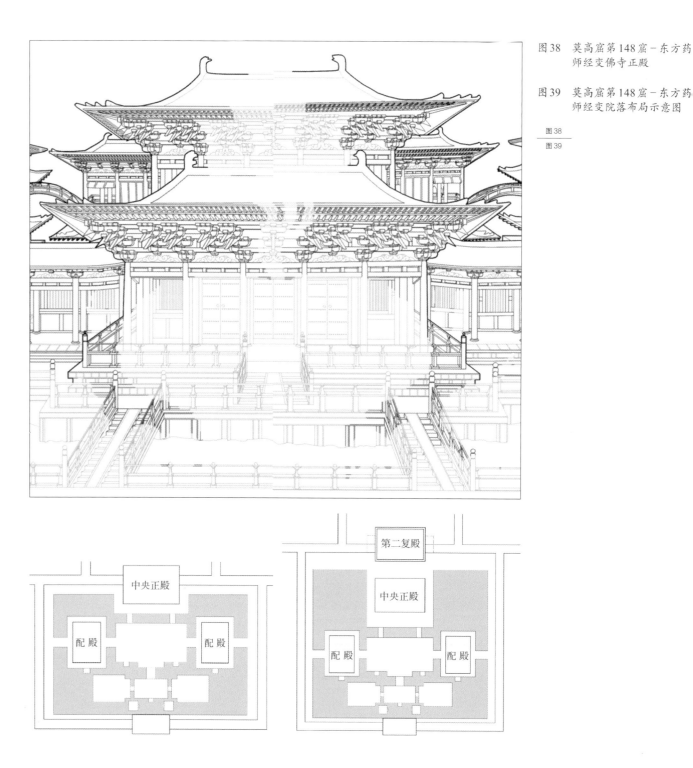

图38 莫高窟第148窟－东方药
       师经变佛寺正殿

图39 莫高窟第148窟－东方药
       师经变院落布局示意图

图38
图39

局也存在两种可能性。首先可以确定的是，第二进中的配楼两侧与廊庑围合并形成跨
院，配殿正是跨院中的中心建筑，而配楼相当于跨院的院门。此处重点探讨整组建筑
群中轴线上建筑的布局。在第一进院落的中心建筑中央正殿两侧接廊庑的前提下，第
二进院落的布局以第二复殿为中心建筑展开。第二复殿既为院落的中心建筑，则可能
与两侧的跨院形成横向上的轴线关系，二层与两侧的配楼以虹桥相连。因为图像上虹
桥与第二复殿交接处被中央正殿遮挡，若第二复殿两侧的三开间建筑为挟屋，则虹桥
落在挟屋二层平坐之上；若两侧建筑位于第二复殿之后，则虹桥落在第二复殿两侧的

平坐之上。在分割两进院落的廊庑接在第二复殿两侧的前提下，第二进院落以三重阁为中心建筑展开布局。三重阁在这里指代的是第二复殿两侧的三开间建筑，因第二复殿与两侧廊庑连接，且跨院院门配楼所伸出的虹桥与中轴线上的建筑连接，则第二复殿两侧的三开间建筑不可能是其挟屋，应是位于其后的独立建筑。❶

　　院落其他建筑的位置则运用 $\sqrt{2}$ 方圆作图的构图比例进行确定（图40）。本文采用的方法参考王南《象天法地，规矩方圆——中国古代都城、宫殿规划布局之构图比例探析》的研究成果。中国历代都城与宫殿规划布局、在建筑群的院落控制上熟练运用了 $\sqrt{2}$ 与 $\sqrt{3}/2$ 两种方圆作图的基本构图比例（图41）。❷ 第一种建筑推想方案：当分隔两进院落的廊庑接在中央正殿两侧时，将第二进空间控制为一方形空间，两侧跨院以此方形边长作为矩形院落的长边，运用 $\sqrt{2}$ 关系确定出左右两侧跨院的东西边界。第一进院落建筑落在同样的方形各边之上，以两侧跨院纵向上的中点连线确定第一进院落两侧廊庑边界。第二种建筑推想方案：当分隔两进院落的廊庑接在第二复殿的两侧时，第二进院落即两侧跨院的确定方式与前一种控制方式相同，区别在于第一进院落的边界确定。中轴线上的建筑整体向第一进院落移动，则第一进院落以同样的方形边长作为长方形院落的短边，继而运用 $\sqrt{2}$ 关系确定出南北向进深的长度。

　　建筑群总体规模和面积的控制主要通过平格法来确定（图42）。傅熹年对宫殿、陵墓、寺庙、住宅等大型建筑群进行尺度分析，总结出建筑群总平面在规划时多基于某一丈尺的方形网格，即10丈、5丈、3丈等❸。3丈多为小建筑的建筑面积，5丈为中型建筑的建筑面积，10丈为宫殿大型建筑的建筑面积，由于该建筑图像并未表现出边界范围，所以对其真正建筑规模不可知，因此对该建筑图像的面积仅作大致推测。在建筑

图40　莫高窟第148窟–东方药师经变建筑群比例关系及位置图

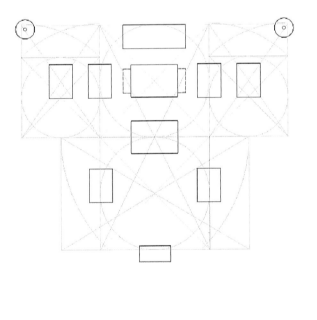
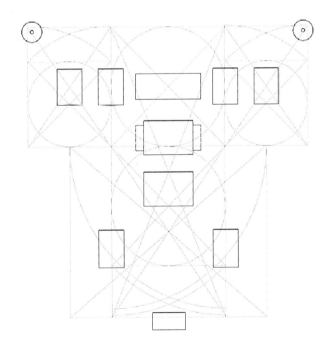

---

❶ 孙蕾. 莫高窟148窟东方药师经变中建筑群布局的推想 [J]. 建筑遗产, 2022(2) : 66–74.
❷ 王南. 象天法地, 规矩方圆——中国古代都城、宫殿规划布局之构图比例探析 [J]. 建筑史, 2017(2) : 77–125.
❸ 傅熹年. 中国古代城市规划、建筑群布局及建筑设计方法研究 [M]. 北京 : 中国建筑工业出版社, 2001 : 8.

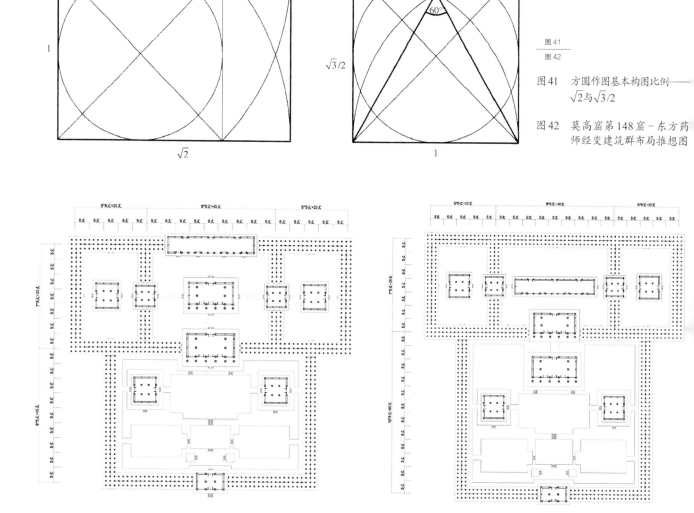

图41　方圆作图基本构图比例——
　　　$\sqrt{2}$与$\sqrt{3}/2$

图42　莫高窟第148窟－东方药
　　　师经变建筑群布局推想图

群组比例关系确定的条件下，选择5丈×5丈的建筑面积。再结合$\sqrt{2}$方圆作图的构图比例，可以得出具体院落尺度。

2. 竖向关系

除了确定建筑群组的平面关系外，还需确定第148窟药师经变建筑群竖向关系（图43、图44）。药师经变所表达的建筑群信息是从第一组平台开始逐层上升的。能够明确表达竖向高差的位置都集中在图像的中轴线上，共两处：第一处为两组平台的连接位置（图43中的A），第二处为第二组平台与中央正殿的连接位置（图43中的B1、B2），这两处的连桥都绘制出了明显的踏步。后部主要建筑因相互遮挡的关系，并未体现出竖向变化，因此中央正殿后的建筑群所坐落的地坪可以按同一标高处理。若如上文所推断，各组平台与建筑之间地坪同样存在高差，同时前后宝池的水面应该也有落差。落差的位置可能出现在第一组平台中间一方与两侧平台的连接处（图43中的C1、C2），以及第二组平台与两侧配殿的连接处（图43中的D1、D2）。且第一处水面落差的位置，平台之间用上升的虹桥作为连接，也就是说两侧的平台高度应该比中央的平台高。但从图像上来看，所有的平台露出水面的高度基本一致，其中也包括了应该出现水面落

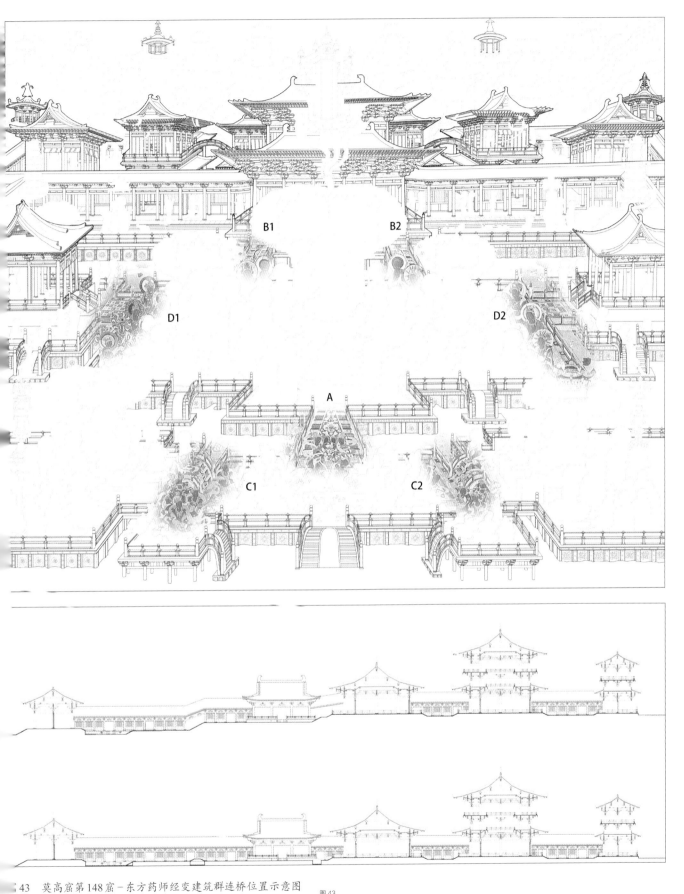

B1　B2

D1　D2

A

C1　C2

图43　莫高窟第148窟－东方药师经变建筑群连桥位置示意图

图44　莫高窟第148窟－东方药师经变建筑群竖向关系图

图43
图44

差的位置，虹桥的造型也可以理解为中间高、两端低，那么由此可以推断宝池的水面应该是在同一标高上。第一组平台与第二组平台连接处、第二组平台与中央正殿连接处的两处桥梁也是中间高、两端低的虹桥，画匠在进行图像绘制的时候为区别于伸入宝池之中的桥，将其两侧的栏杆取直，而非用曲线表达。同时，若上升到最高再下降，则下降一侧的桥面可能无法绘制，这样会破坏说法场景的完整性与庄严性❶。

　　总平面图和总剖面图确定后，最后对单体建筑进行推想。以中央正殿为例，中央正殿建筑形制为面阔五间、进深四间或者五间的庑殿顶建筑。其中第一进为廊子，建筑墙体为第二进，墙面明间和次间开板门，梢间开窗。根据上述中央正殿建筑形制的信息绘制平面图和剖面图（图45、图46）。除此之外，还需要对重要建筑构件进行推

图 45
图 46

图 45　莫高窟第148窟－东方药师经变中央正殿平面图

图 46　莫高窟第148窟－东方药师经变中央正殿剖面图

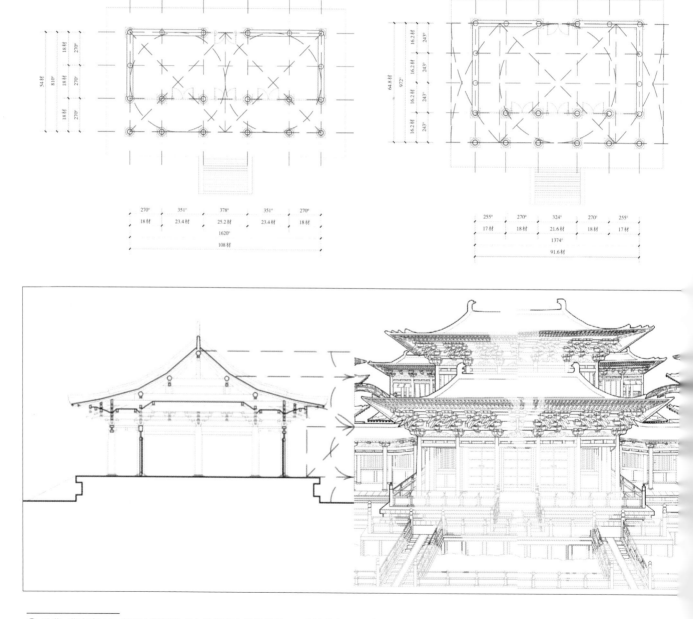

方案1　　　　　　方案2

❶ 孙蕾. 莫高窟 148 窟东方药师经变中建筑群布局的推想 [J]. 建筑遗产,2022(2):66-74.

想。以斗栱为例，中央正殿柱头铺作为七铺作出双杪，一二跳偷心造，三四跳计心，补间铺作为一层卷草纹，二层以上出单杪双下昂，第一跳偷心，第二、三跳计心[1]。同样根据建筑形制信息绘出相应平面图和剖面图（图47）。综合上述建筑推想后，最终实现对第148窟东方药师经变的3D建筑复原（图48），现在于敦煌研究院陈列中心一楼展厅"千年营造——敦煌壁画中的建筑之美"展览展出。

结语

唐代敦煌壁画中出现了大量的建筑图像，是唐代敦煌石窟艺术的重要组成部分，也是唐代建筑形制研究最为全面且重要的图像材料。通过对唐代敦煌壁画中的建筑图像的梳理，可以了解唐代丰富的建筑类型和多样的空间组合形式，弥补了研究唐代建筑缺少实例证明的遗憾。并且，通过对第148窟东方药师经变中佛寺院落的建筑推想和建筑复原的个案研究，以期为还原唐代建筑的真实样貌及完善中国古代建筑的发展脉络提供样式依据。

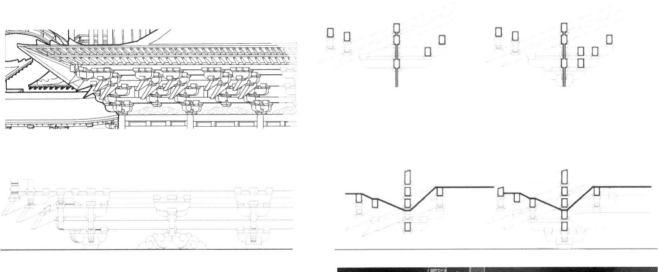

图47
图48

图47　莫高窟第148窟－东方药师
　　　经变斗栱平面图及剖面图

图48　莫高窟第148窟－东方药
　　　师经变3D复原建筑模型

❶ 孙蕾. 莫高窟 148 窟东方药师经变中建筑群布局的推想 [J]. 建筑遗产，2022(2) : 66–74.

温　馨　李迎军 / Wen Xin　Li Yingjun

温馨，湖北美术学院时尚艺术学院讲师，清华大学美术学院博士。中国服装设计师协会会员、湖北省美术家协会会员、深圳市插画协会会员。主要研究方向为传统服饰文化传承、服饰表现。独著《时装画手绘表现技法：人体动态·材质表现·风格创意》。曾在《敦煌学辑刊》《纺织导报》等核心期刊上发表多篇学术论文。主持湖北省教育厅人文社科重点项目"丝绸之路甘肃段服饰配饰文化演变研究"；主持湖北省教育厅科学技术研究计划指导性项目"湖北出土丝织纹饰数字化复原研究"；主持湖北时尚艺术研究中心项目"时尚配饰表现研究"；主持湖北现代公共视觉艺术设计研究中心项目"数字化荆楚织绣技艺的传承与创新研究——以江陵马山一号楚墓为例"。作品参加第十三届全国美术作品展，"初·新"2019中国时尚回顾展，首届中国插画艺术展，首届、第二届国际可穿戴艺术展，首届、第二届、第三届中国时装画大展，2019～2020年全国插画双年展等展览。2018～2022年武汉时尚艺术季系列展览联合策展人。

李迎军，艺术学博士，清华大学美术学院副教授、博士生导师，中国流行色协会理事，时装艺术国际同盟常务理事委员，中国敦煌吐鲁番学会会员，敦煌服饰文化研究暨创新设计中心研究员，中国服装设计师协会会员，法国高级时装协会学校访问学者。出版著作五部、发表论文数十篇，在"北京时装周""中国非物质文化遗产服饰秀""江南国际时装周"发布系列作品，参加"北京国际设计周""艺术与科学国际作品展"等数十项专业展览，设计作品荣获多项国际、全国权威专业竞赛奖项。

应时而变——莫高窟隋代菩萨像通身式璎珞造型研究

温 馨 李迎军

摘要：莫高窟北朝时期菩萨璎珞是典型的西域造型，至隋代，菩萨像上开始出现与北朝西域璎珞有显著差异的上下一体、装饰通身的璎珞。莫高窟隋代菩萨这种"通身式"璎珞在造型和材质上既融合了中西方多元文化因素，又表现出鲜明的地域特色，在隋代大一统的时代背景下应时而变，开启了本土化的演变历程。

关键词：敦煌莫高窟；隋代；菩萨像；璎珞；文化融合

璎珞作为古代南亚人（尤其是古印度贵族）的重要服饰品被佛教沿用，并随着佛教一起进入中国❶。璎珞在佛教中的职能是装身、供养，在敦煌莫高窟的壁画、雕塑中，菩萨、天王、力士等天人的服饰体系里都有璎珞装饰，其中以菩萨服饰上的璎珞最具代表性。

隋代之前的莫高窟菩萨璎珞受西域影响显著，虽经历北朝多次朝代更替，但总体造型变化不大，主要包括佩戴在颈部、胸部，长不过腰的项圈、项链与胸饰，造型多呈"U"字形。隋代以前，菩萨璎珞的长度、造型相对固定，仅在使用数量上偶有变化，例如莫高窟北凉第275窟主尊交脚菩萨佩戴的是长短不同的两条U形璎珞，北魏时期也出现过少数几例三条U形璎珞组合佩戴的样式。佛教艺术自进入敦煌起就开始了本土化的发展之路，菩萨的人物形象、服装样式，甚至绘画技法都在西域与中原两种风格特征的不断影响下持续演进，然而一直到北周末期，菩萨身上装饰的璎珞造型却始终变化不大，除了当时普遍使用的U形璎珞外，并未出现新造型和新样式。

及至隋代，上下连贯、长至腿部的"通身式"璎珞开始出现在莫高窟的菩萨像上，这种全身贯通的隋代菩萨璎珞在长度、造型、结构等方面都与北朝璎珞有着显著差异，这一在敦煌璎珞造型发展序列中的"突变"现象极大地丰富了璎珞的造型语言，并对后世产生了深远的影响。

一、通身式璎珞造型

《莫高窟隋代石窟分期》［樊锦诗、关友惠、刘玉权合作发表，收录于《中国石

---

❶ 白化文. 汉化佛教法器与服饰 [M]. 北京：中华书局，2015：193–206.

窟·敦煌莫高窟（二）》]❶将隋代洞窟划分为三个时期，在莫高窟的隋一期菩萨像上还延续着北朝璎珞的造型，通身式璎珞最早出现在隋二期，在隋三期流行更甚，不仅数量增加，而且造型也进一步丰富。

莫高窟隋代洞窟中，二期的第311窟、第427窟、第420窟、第412窟、第407窟与三期的第282窟、第278窟、第276窟、第314窟、第394窟、第390窟、第244窟共12个洞窟的32身菩萨像都有清晰完整的通身式璎珞，其中，又以第427窟、第420窟、第244窟最为典型。从造型结构上看，莫高窟隋代菩萨通身式璎珞分为两大类。

Ⅰ类：U形＋八字形，主要见于隋第二期壁画中。整体造型为上下一体，自肩部的宝珠向下连接两道U形结构的线型装饰链，第一道装饰链垂至胸前，第二道垂至腰部，在第二道装饰链的中间有一个宝石镶嵌的圆形装饰，在圆形饰物的左右两侧对称再垂下八字形线型装饰链，并从两腿外侧绕到身后，八字形装饰链垂下的长度至膝盖或小腿。在莫高窟第427窟中心柱西向龛北侧胁侍菩萨像和第420窟的几身菩萨像上，这种U形加八字形的通身式璎珞造型以简约、流畅、粗细均匀的金色线条清晰呈现（表1）。

表1　莫高窟隋代菩萨通身式璎珞Ⅰ类 [图版采自《中国石窟：敦煌莫高窟（二）》]

时期	隋代第二期			
位置	第427窟中心柱北向龛西侧	第420窟中心柱西向龛北侧	第420窟西壁南侧	第420窟西壁北侧
图像				

Ⅱ类：U形＋延长链＋八字形，在隋二期、三期均有出现，从数量上看，Ⅱ类璎珞明显多于Ⅰ类，应是莫高窟隋代菩萨像中最流行的璎珞样式。Ⅱ类璎珞的整体特点仍是上下一体，主体造型也同样由上半身弧度圆润的U形与下半身的八字形构成，区别是二者不是直接连接，而是在腰下位置加入了延长链的结构——自上半身U形链中间的圆

---

❶ 敦煌文物研究所. 中国石窟：敦煌莫高窟(二)[M]. 北京：文物出版社，1984：171–186.

形饰物向下先连接一小段延长链，然后接一个长方形横梁，横梁下方再连接八字形线型结构。加入延长链的Ⅱ类璎珞形象在莫高窟隋代的壁画与雕塑上都有明确的表现，壁画中表现得较清晰的有隋二期的第407窟，隋三期的第278窟、第276窟、第394窟、第390窟，塑像中有隋二期的第427窟、第412窟和隋三期的第282窟、第244窟（表2）。在隋二期第427窟主室北壁前部与中心柱东向面的两身胁侍菩萨身上，延长链位于腹部下方，璎珞的弧形线条柔韧优美。莫高窟第244窟属于隋三期，窟中的菩萨璎珞造型延续了隋二期的Ⅱ类璎珞构造，但增加了更多的细节装饰元素，上半身的U形结构和颈胸部位的项圈在两个肩头结合为一体。

表2 莫高窟隋代菩萨通身式璎珞Ⅱ类［图版采自《中国石窟：敦煌莫高窟（二）》］

时期	隋代第二期		隋代第三期		
位置	第427窟主室北壁前部	第407窟东壁门上	第394窟西壁南侧	第282窟西壁龛内南侧	第244窟北壁东侧
图像					

　　总体来看，两类璎珞的共同特点是形态整体、结构清晰、造型流畅，并具有突出的线条感（表3）。在隋代菩萨的服饰中，这种上下通身装饰的璎珞在天衣的面状造型与披帛的带状造型映衬下，呈现出精细的链状造型，与天衣、披帛形成鲜明对比，同时又相得益彰。

表3 莫高窟隋代菩萨通身式璎珞分类（作者绘图）

类型	Ⅰ类	Ⅱ类
造型特征	U形+八字形通身式璎珞	U形+延长链+八字形通身式璎珞

续表

类型	I 类	II 类
图像	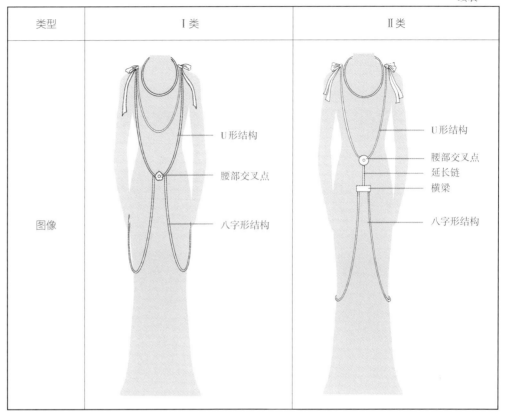	

二、通身式璎珞造型溯源

中国本无璎珞，中文的"璎珞（或缨络）"一词是翻译梵文佛经时创造出来的词，图像中的璎珞也是随着西域的佛像范式传入的，由于缺少现实生活中实际物品的参照，所以很长一段时间里，莫高窟壁画中的璎珞都是对范本上西域璎珞造型的直接摹绘❶，这样的情形贯穿了整个北朝，并一直持续到隋一期。自隋二期起，璎珞打破了对西域范式的依赖，开始出现造型上极具跨度的跳跃式变化。但这种跳跃式的变化绝非天马行空的凭空创造，在隋代通身式菩萨璎珞上面，既可以看到西域璎珞造型的痕迹，又可以找到当时中原璎珞造型的影子，同时，隋代通身式菩萨璎珞的出现还受到了当时莫高窟地区民族审美与工艺喜好的影响。

（一）莫高窟北朝U形胸饰的延续

在隋二期开始出现的通身式璎珞中，上半身弧线流畅的U形造型与此前莫高窟一直沿用的西域U形璎珞造型如出一辙。这种北朝与隋一期时菩萨等天人身上普遍使用的U形璎珞，不仅是传入中国的代表性"西域范本"，在古印度也是非常古老的配饰样式。在桑奇大塔陀兰那雕刻中，表现佛陀在世时的世俗男女颈上就佩戴着U形的胸饰，并有多股并列、单串串珠等丰富造型（图1）；在巴尔胡特窣堵波的骑士浮雕上，骑士佩戴的宽项圈下面垂着的璎珞也呈U形；在马图拉雕像人物的颈上，多股串珠组合而成的U

---

❶ 徐胭脂. 图像的"翻译"：中古时期莫高窟菩萨璎珞的流变 [J]. 艺术设计研究, 2015(1)：18.

形璎珞形同一圈衣领；在贝格拉姆出土的印度雕刻镶板中，女性佩戴的U形璎珞也是多股并列的扁宽状，其中有清晰可见的条带间隔圆形串珠结构，贵霜王朝时期马图拉湿婆妻子雕像中的项饰也是同样的结构（图2）；犍陀罗出土的释迦菩萨像上，还出现多条U形璎珞组合佩戴的形式，这些粗细、结构不同的璎珞分别垂在胸前、斜挂在肩上、绕到右腋下（图3）。

　　U形的璎珞在传到中国西域的龟兹以后，依旧延续着发源地的主要特征。克孜尔千佛洞第77窟东甬道外侧壁画中，菩萨颈上组合佩戴着衣领式、串珠式多条U形璎珞（图4），璎珞的造型和佩戴方式与犍陀罗释迦菩萨基本一致；在克孜尔千佛洞第80窟主室北壁上，菩萨颈部项圈下也有一条带状U形璎珞（图5），壁画上以密密麻麻的白色小圆点概括出璎珞的造型与结构，表现的似是印度多股组合璎珞的形态特点。

　　克孜尔石窟璎珞中这种概括的条带状表现对敦煌菩萨璎珞的影响很大，莫高窟早期壁画中的璎珞造型与画法都与克孜尔类似。U形璎珞在敦煌开窟时就有，至隋唐时期依然流行。莫高窟北凉第275窟、北魏第248窟、北周第297窟等多个洞窟的菩萨像上都佩戴着U形璎珞。在莫高窟西魏第285窟西壁南龛上部壁画中，三身菩萨佩戴着造型与质感基本一致的U形璎珞（图6），但佩戴方式各异，绕到腋下的戴法显然受到犍陀罗释迦菩萨像的影响。此外，这三身菩萨佩戴的璎珞长度及腰，这一长度的U形璎珞造型也一直延续到隋，至隋二期通身式璎珞出现时，上半部分的U形结构依然以及腰的长度居多。

图1	图2	图3
图4	图5	图6

图1　桑奇大塔陀兰那雕刻（采自《印度：神秘的圣境》图版75）

图2　马图拉湿婆妻子雕像（采自《印度：神秘的圣境》图版95）

图3　犍陀罗释迦菩萨像（采自《大美之佛像：犍陀罗艺术》图版38）

图4　克孜尔石窟U形璎珞［采自《中国石窟：克孜尔石窟（二）》图版19］

图5　克孜尔石窟U形璎珞（采自《中国石窟：克孜尔石窟（二）》图版52）

图6　莫高窟第285窟菩萨像U形璎珞（采自《中国石窟：敦煌莫高窟（一）》图版116）

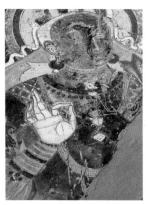

（二）中原X形璎珞的影响

莫高窟自隋二期开始，流行多年的U形璎珞下面出现了延长至下半身的新装饰物，延长链与八字形结构的加入预示着璎珞造型走上结构繁复的发展方向，也成为莫高窟菩萨璎珞造型本土化演进的开端——这两个新结构的出现并不是在U形璎珞上做简单的加法，而是在当时中原流行的X形璎珞影响下产生的新造型。

X形的配饰在埃及、印度等地都曾经广泛流行。在2世纪的埃及法尤姆女性石俑上，就已经出现环形锁链状X形胸饰，X形的交叉点有圆盘装饰（图7），埃及还出土过一件600年前后的X形黄金体链实物，交叉点也装饰有圆形金盘（图8）。这种以圆盘造型装饰在X形交叉点的造型也频繁出现在古印度等地的佛教形象中，马图拉的浮雕湿婆像（图9）、贝格拉姆印度象牙女神雕像（图10）都佩戴条带状的X形胸饰，且交叉点都饰有圆形装饰。X形胸饰在不晚于4~5世纪传入新疆，在克孜尔千佛洞第38窟中的两身思惟菩萨、第171窟后甬道右侧壁画中的善爱乾闼婆及其眷属身上都可以见到长度不同的条带状X形配饰，第175窟、第189窟壁画中还出现了与埃及、印度极为相似的交叉点有圆形装饰的X形胸饰（图11），类似的胸饰还出现在6~7世纪新疆焉耆明屋遗址出土的灰泥塑像中（图12）。X形胸饰在新疆地区流行过四个世纪左右，见于莫高窟北魏第248窟北壁前部说法图等处。这种X形胸饰到隋代第一期时还曾出现，在莫高窟第302窟东壁门上的说法图中的X形胸饰，长度至胯部，X形交叉于胸下的位置，交叉处同样有装饰（图13）。

图7	图8	图9	图10
图11	图12	图13	

图7　2世纪－埃及法尤姆石俑（采自《7000年珠宝史》，第112页）

图8　600年－埃及黄金体链（采自《7000年珠宝史》，第112页）

图9　贵霜王朝时期－马图拉湿婆雕像（采自《印度：神秘的圣境》图版95）

图10　1世纪－贝格拉姆女神像（采自《图说犍陀罗文明》，第84页）

图11　克孜尔石窟第175窟［采自《中国石窟：克孜尔石窟（三）》图版17］

图12　6~7世纪－新疆焉耆明屋塑像

图13　莫高窟第302窟X形胸饰［采自《中国石窟：敦煌莫高窟（二）》图版12］

西域的X形胸饰辗转传入敦煌的同时，也随佛教一起进入了中原地区，并率先在中原迈出了本土化的第一步——在汉文化的影响下，原本用于供养和装身的外来首饰璎珞从长至腰部的胸饰演变为长至腿部的通身式。X形的通身式璎珞为中国所独有，这样的造型在北朝的龙门石窟莲花洞菩萨像、山东青州龙兴寺菩萨像上都频繁出现。

来自中原的X形通身式璎珞与来自西域的U形璎珞在莫高窟的隋二期融合为独特的通身式璎珞——整体构造呈现变体的X形，上半身采用U形璎珞作为局部结构单元，下半身延展出延长链与八字形结构。

（三）地域性材质与工艺的整合

从洛阳龙门石窟、山东青州龙兴寺等地的菩萨像上可以看出，北朝时期中原的X形通身式璎珞具有装饰繁复的艺术特色（表4），前辈学者曾对X形通身式璎珞与西周玉组佩之间的密切关系进行过论证[1]。中原自古就有佩玉的传统，当时中原地区璎珞中繁复的立体装饰极有可能是玉石饰品。同时，中原X形通身式璎珞中出现了大量的彩结、飘带[2]，以及披帛和璎珞的结合体，也是此前的西域璎珞中不曾出现的。对比表3和表4的璎珞造型可以看出，莫高窟隋代菩萨通身式璎珞并没有继承中原繁复的珠玉、布帛装饰，而是呈现简洁、流畅的细条带状——在当时的壁画、雕塑上，工匠们用金箔表现出璎珞的色彩与质感。以此为依据，本文作者推断当时菩萨的通身式璎珞可能以金属材质为主。

表4 北朝时期中原菩萨X形通身式璎珞（作者绘图）

河西走廊最西端的敦煌是中原去往西域的最后一站，历史上许多草原游牧民族居住在河西走廊及周边地区，他们随水草迁徙，形成了将贵重的金银财宝制成配饰随身佩戴

[1] 李敏.敦煌莫高窟唐代前期菩萨璎珞[J].敦煌研究,2006(1):59,60.
[2] 八木春生,李梅.隋代菩萨立像衣着饰物[J].敦煌研究,2012(1):1-9.

的生活习惯。月氏人建立的贵霜帝国对中亚的历史与文化影响很大，他们在被匈奴击败迁往中亚以前就生活在中国张掖、敦煌一带。在被称为"黄金之丘"的大月氏王族墓地曾经出土了大批金饰品，体现出游牧民族对金属饰物的热衷和先进的金属加工工艺。甘肃武威地区吐谷浑王族墓葬出土过与黄金之丘金饰相似的银丝编织腰带，新疆乌鲁木齐南山矿区阿拉沟也出土过战国编织金链，被推测为塞种人遗物。现藏于内蒙古博物院的一批金饰，与阿富汗"黄金之丘"大月氏王族墓地出土的游牧文化金饰风格相似，其中包头达茂旗西河子出土的魏晋鲜卑族金龙项饰（图14）与新疆阿拉沟战国金链几乎完全一样，均由金丝编缀工艺制成管状链绳，造型与莫高窟隋代第427窟、第420窟壁画中表现的金色璎珞非常相似。由此推断，在隋代的莫高窟，开窟者受当地游牧民族的材质喜好与工艺技术影响，而将他们最美好的理想表现在了供奉的佛像上面。

当然，隋代的璎珞还只是供养和装身的佛教饰物，并没有进入日常生活，因此没有存世的隋代璎珞实物用于研究考证。所以，莫高窟隋代菩萨璎珞的材质以金属为主的判断尚属推测，还有待进一步研究。

基于对莫高窟菩萨通身式璎珞独特的金属管状链绳材质和工艺的推测，可以进一步结合其局部组件的形态来观察，莫高窟隋代菩萨通身式璎珞是由U形、八字形，有些有延长链部件组合成一个整体，所有部件相接处，如双肩和腰部都设计了巧妙的连接结构点，形状以花形、圆形居多，有些Ⅱ类通身式璎珞用一个横向长方形来将延长链和下半身的八字形结构贯连，花朵、圆环或长方形的连接结构在壁画中被表现为外框中间填充其他颜色。根据佛教经典中所载用贵重材料制作璎珞，并且用璎珞供养神佛的用途，壁画表现的连接结构点为金或银等贵金属外框中镶嵌宝石珠玉的可能性较大。这样的连接结构装饰是基于璎珞主体部分独特的金属管状链绳构造设计出来的，莫高窟隋代通身式璎珞的组织方式主要是运用几何形或花形联结点来将U形、八字形和延长链贯连为一个整体，显得主次分明、重点突出，可见其匠心。

在隋代菩萨通身式璎珞中还出现了一种新的局部形态同样值得注意，莫高窟第420窟西壁南侧和北侧的四身菩萨像所佩戴的Ⅰ类通身式璎珞的颈部都表现出金色的对勾

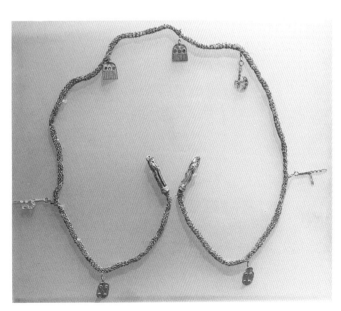

图14　包头达茂旗西河子出土
　　　魏晋金龙项饰（内蒙古
　　　博物院藏，作者拍摄）

卷草造型（参见表 1），这一形态使人很容易联想到莫高窟北魏第 254 窟南壁前部龛中交脚菩萨所佩戴的双兽胸饰。学界一般认为双兽图像源于中亚，在犍陀罗的菩萨身上也可见到双龙戏珠璎珞造型（参见图 3），但第 420 窟菩萨璎珞的对勾卷草造型较第 254 窟的双兽胸饰进行了大胆改造与简化，只保留了基本的对称形态，去掉了具象的动物形象，并且将单独的胸饰整合为通身式璎珞的一个局部，提升了璎珞和菩萨像服饰风格的整体感。从一个侧面反映了隋代菩萨通身式璎珞在敦煌本地北朝样式上的延续和发展，以及隋代工匠的创作有了更强的主动性和创新性。

三、造型迁演的动因与意义

通身式造型的璎珞在隋代第二期之前的莫高窟从未出现过，却在此后得到了极大的丰富与发展，所以隋二期成为莫高窟璎珞造型迁演的一个重要时间点。581 年，隋文帝杨坚结束了魏晋南北朝数百年来的战乱与动荡，取代北周建立隋朝。莫高窟的隋一期第 302~305 窟内虽有开皇初年的纪年，但其绘塑艺术还具有典型的北朝晚期风格❶。真正隋代莫高窟艺术风格的形成是始于 589 年，即隋二期，这也正是通身式璎珞在莫高窟出现的时间。隋代的统治时间虽然不长，但是国力强盛，在西域诸国中曾树立了崇高的地位，隋文帝被称为"圣人可汗"。隋大业前期，隋炀帝经略西域，派遣裴矩在张掖访谈胡商❷，调查西域各国风土人情，汇编《西域图记》，为丝路商贸创造条件。隋朝两代统治者笃信佛教、文韬武略，为西域商贸和文化交流营造了开放的环境，带来了丝绸之路的畅通，使河西走廊成为隋王朝展现大国形象的窗口，为隋代敦煌艺术的繁荣创造了条件。因此，隋代在短暂的几十年间开凿了数量众多的洞窟，取得了极高的艺术成就。隋代的大一统局面促进了文化的交流与融合，统治者对河西地区的重视为莫高窟提供了宝贵的契机，包括通身式璎珞在内的更具本土生命力的艺术形式应运而生。

从分裂到统一的政治局面，多民族融合的时代背景，富强的国家经济，创新求变的审美和积极进取的时代精神，是莫高窟菩萨璎珞实现从对"西域范本"的描摹到敦煌本土样式的创造这一跨越的根本原因。

从横向来看，隋代菩萨通身式璎珞的演变是东西文化交融的典型例证。北朝时期中原 X 形通身式璎珞对莫高窟的影响是显而易见的，但出现在隋二期洞窟内的菩萨通身式璎珞并不是对中原璎珞的挪用，而是从造型到材质都进行了消化与创新——通过西域的 U 形胸饰与延长链、八字形结构的组合，创造性地塑造了一个中原 X 形通身式造型的变体，并通过更具西部游牧民族特色的细金属链来强化地域风格，这种新样式是对中原、西域两种璎珞的继承与拓展，也确立了隋以后敦煌璎珞造型的发展方向。

从纵向来看，莫高窟隋代菩萨通身式璎珞具有承上启下的重要意义，莫高窟隋代菩萨通身式璎珞传承了北朝至隋二期之前的形态特点，又对唐代产生了重要影响。首先，从隋代开始，莫高窟最主流的璎珞样式从半身式转为通身式，并成为唐代璎珞造型的基础骨架。从隋二期之前的半身式 U 形璎珞，到隋二期出现加入八字形的 I 类璎珞，再到

❶ 马德. 敦煌莫高窟史话 [M]. 兰州：甘肃教育出版社，1996：72.

❷ 魏徵. 隋书·裴矩传 [M]. 北京：中华书局，2019：1769–1772.

隋三期统一为再加入了延长链结构的Ⅱ类璎珞，时间演进的同时清晰地呈现出璎珞造型日益复杂、丰富的发展趋势，这一趋势在莫高窟唐代菩萨璎珞造型中得以验证，唐代璎珞中开始出现更加丰富的装饰元素（表5）。其次，隋代菩萨璎珞在长度与结构上的变化为唐时期璎珞与服装结构的互动创造了条件。隋以前莫高窟菩萨像上的璎珞作为服装上相对独立的装饰物存在，与服装款式的关联并不紧密，但通身式璎珞修长的造型与复杂的结构蕴含着与服装相结合的极大可能性。事实证明，这种结合与互动在唐代开始发生并发展出新的服装装饰形式——长及小腿的璎珞兜起了菩萨的裙摆（裤摆），形成了独特的服装廓型，璎珞不再是服装上的独立装饰品，而是与服装结构融为一体形成了相互影响的整体。最后，隋时期通身式璎珞在菩萨身上的"成功试验"成为宗教人物装饰的成功案例，从而对唐及后世的璎珞使用范畴产生了极大的影响，发展到唐代，尤其是盛唐以后，这种极具装饰性的通身式璎珞已经广泛出现在帝释天、天王、天女、力士等各类天人神众的服饰中，并且向着更加丰富、多元的方向进一步发展。

　　莫高窟地处东西文明的交汇点，多元文化的碰撞与融合在这里不间断地持续发生。仅在服装服饰领域，莫高窟早期洞窟中的服装还是典型的印度风格，到西魏第285窟时，南朝的褒衣博带已经出现在壁面上，以及至唐代时绝大多数服饰已经实现了本土化的演进。值得注意的是，莫高窟隋代菩萨像璎珞造型的演变作为一个个例反映出文化传承受到时间、地域、民族等因素制约而具有复杂性与特殊性。璎珞由西域的半身式到中国的通身式的转变是在中原地区率先实现的，但由中原再进入莫高窟之后所产生的丰富变化同样蕴含了重要的文化信息，对后世产生着持续的影响。

表5　莫高窟初唐第57窟菩萨通身式璎珞（作者绘图）

类型	Ⅰ类	Ⅱ类	Ⅱ类	Ⅱ类
位置	南壁中央说法图	南壁中央说法图	西壁北侧左	西壁北侧右
图像				

（注：本文原文刊载于《敦煌学辑刊》2022年第3期）

崔 岩 / Cui Yan

女，1982年出生于山东省。北京服装学院敦煌服饰文化研究暨创新设计中心副研究员，中国敦煌吐鲁番学会会员，中国工艺美术学会民间工艺美术专业委员会会员，中国文物学会纺织专业委员会会员。2004年毕业于苏州大学艺术学院，获学士学位；2006年毕业于清华大学美术学院，获硕士学位；2018年毕业于北京服装学院，获博士学位。研究方向为中国传统服饰设计创新研究。曾出版专著《敦煌五代时期供养人像服饰图案与应用研究》，编著《常沙娜文集》（合著）、《红花染料与红花染工艺研究》（合著），译著《日本草木染——染四季自然之色》（合译），文字统筹《敦煌莫高窟——常沙娜摹绘集》《黄沙与蓝天——常沙娜人生回忆》。曾在《艺术设计研究》《丝绸》《敦煌研究》等刊物上发表《柿漆在僧衣染色中的应用研究》《敦煌石窟回鹘公主供养像服饰图案研究》《蓼蓝鲜叶煮染工艺研究与实践》《唐代佛幡图案与工艺研究》等论文。任第三届丝绸之路（敦煌）国际文化博览会"绝色敦煌之夜"敦煌服饰艺术再现展演主创设计师，设计作品曾在日本、中国多地举办或参加国内外展览。曾参与完成北京市哲学社会科学"十一五"规划项目"中国敦煌历代装饰图案研究（续编）"，参与国家社科基金艺术学重大项目"中华民族服饰文化研究"、国家社科基金艺术学项目"敦煌历代服饰文化研究"。主持完成国家艺术基金青年艺术创作人才资助项目"敦煌九色鹿"、教育部人文社会科学研究青年基金项目"敦煌唐代供养人像服饰图案研究"，主持在研北京市社科基金青年项目"敦煌隋代图案研究"、故宫博物院开放课题"故宫博物院藏清代服饰纺织品染色文献及工艺研究"、清华大学艺术与科学研究中心柒牌非物质文化遗产研究与保护基金项目"中国传统茜根染工艺研究"。

敦煌图案在人民大会堂建筑装饰中的设计应用
——以常沙娜教授设计作品为例

崔 岩

摘要：本文基于常沙娜教授访谈实录，以敦煌藻井、平棋、背光、人字披图案转化应用于人民大会堂宴会厅、接待厅、北大厅等建筑装饰设计中的典型作品为案例，展现将敦煌图案在现代装饰设计中进行创新转化的应用风貌。前辈艺术家不仅通过实践积累了丰富经验，还为弘扬民族文化精神、坚定文化自信做出了先导性、示范性的积极探索。

关键词：敦煌图案；人民大会堂；建筑装饰设计；创新应用

一、引言

位于北京天安门广场西侧的人民大会堂兴建于1958年。当时为迎接中华人民共和国成立十周年、展现新中国建设成就，中央政府决定在北京建造十座公共建筑。其中，人民大会堂作为我国举行政治、外交和文化活动的重要场所，其设计施工备受瞩目。

1958年11月，时任中央工艺美术学院（现清华大学美术学院）副院长的雷圭元先生，带领奚小彭、常沙娜、崔毅等年轻教师加入人民大会堂美术工作组。全组成员遵照周恩来总理提出的"民族的、科学的、大众的"和"古为今用，洋为中用"的设计总方针，充分发挥自身的专业特长，积极探索新中国建筑艺术的新形式和新内容。

当时年仅27岁的常沙娜教授，在实践中磨炼了建筑装饰在服从建筑功能的前提下，将民族文化与时代精神完美融合的设计技能，收获了敦煌图案在建筑装饰中创新应用的储备经验。如今，常沙娜教授在人民大会堂建设之初承担的宴会厅天顶灯饰设计早已成为中国建筑装饰设计的典型范例。60余年来，常沙娜教授还陆续在人民大会堂改建中承担多项设计任务，在当代审美与民族精神融合的艺术设计理念构建中发挥着积极作用。

二、敦煌图案的作用与装饰特征

敦煌图案是石窟壁画、彩塑和建筑的重要组成部分，具有和谐而独特的装饰特征。仅从图案所绘制的部位来看，它在石窟的所有位置均有体现，不论在平面的窟室壁画，还是在立体的窟檐建筑及彩塑上，都可以看到与之相适应的精美图案。诚然，敦煌石窟艺术的主体是说法图、经变画、史迹画等具有明确内容和固定形式的佛教题材壁画，以及依据教义雕凿塑造并施以彩绘的立体造像，与之相比，图案既可以作为石窟艺术的主体进行重点表现，也可以作为次要因素进行辅助表达，还可以作为敦煌石窟艺术的有机联结体，其作用更加灵活多样。

1. 敦煌图案的作用

首先，敦煌图案在石窟中起到指示的作用。敦煌石窟是基于建筑营造和区域划分而产生的具有礼拜、观想等功能的空间艺术，从窟室形制上可以分为中心塔柱窟、覆斗顶窟、殿堂窟、大像窟、涅槃窟等不同类型，图案便依据石窟空间的不同特点进行绘制。例如藻井图案是位于石窟窟顶中心的装饰图案，最初仿照中国汉代宫殿屋顶用方木或砖石叠套而成的方井结构和装饰手法❶，后来演变为对层叠繁复的丝质华盖的模仿与表现。同样脱胎于建筑构件的人字披图案和平棋图案，也是依据窟顶形制的不同而发展演变。再如伴随主体造像出现的背光图案，往往通过火焰、波线、芒角等丰富的装饰元素表现光明之意。不论其来源是建筑结构、丝织品还是自然想象，都会通过层级递进的装饰手法令人产生空间的纵深感和升华感，以达到导引和聚焦观者目光的指示作用。

其次，敦煌图案在石窟中起到分割的作用。石窟内的彩塑和壁画往往根据空间和壁面的特点进行位置经营，而不同内容的造像之间需要进行合适的界线分割，这往往会利用灵活多变的图案。例如北朝和隋代的龛楣图案及唐代之后的龛沿边饰图案，大多装饰在佛龛的门楣或四檐，将立体的佛龛与平面的墙体分割开来，使得造像主体更加明确。同时，在同一墙面绘制的壁画也会因内容叙述和艺术表现的需要而在构图上将其分割为不同的区域，例如盛唐时期流行的观无量寿经变（图1），其构图往往采用

图1　敦煌莫高窟盛唐第172窟－
主室南壁观无量寿经变

❶ 陈轩. 从技术、观念到纹样：东汉藻井图案的起源及演变 [J]. 艺术设计研究，2022(1)：49–55.

三联式，即正中为西方净土世界的描绘，两侧分别为十六观和未生怨故事，这时利用条形边饰对壁画进行分割重构是最合适的选择。即便是早期流行的故事画，也常常利用山川树木等装饰图案对连环的故事表述起到分割情节、推动发展的作用。

再次，敦煌图案在石窟中起到填充的作用。这里主要指的是在石窟造像中，除了藻井、龛楣、边饰、背光等固定装饰在某一位置并以适合或二方连续的构成形式出现的各类图案外，在表现主体与衬托环境之间往往存在一些不规整空间，按照中国中古时期壁画创作的传统，这些空间一般不会留白，而会填充丰富多彩的装饰图案，其中最为典型的是云气纹。它通常没有固定的位置和形态，而是根据画面空间的需要飘然而至，可以用于衬托巍峨的殿宇楼阁，也可以托举起凌空飞翔的天人伎乐，在云蒸霞蔚中还有漫天散花和乐器夹杂飘舞，更显满壁飞动的磅礴气势。因此，这种不拘泥于一定的装饰面积和组织构图的图案又被称为"单独图案"，是指其具有较强的独立性，通过对空间的适当填充而达到丰富和延展画面的作用。

最后，敦煌图案具有一定的隐喻作用。这是因为有的图案源自对现实物件的模仿，后经抽象、夸张等手法进行的平面化表现，通过对图案所传达的造型、色彩、肌理等特征的解读，可以获取其背后的多重信息。例如盛唐第199窟所绘观世音菩萨手持净瓶和柳枝（图2），这透明的淡青色净瓶图案反映的正是起源于公元前1世纪中叶的吹制玻璃技术沿着丝绸之路自西向东的传播路径❶。除此之外，五代第61窟于阗皇后所戴镶满翠玉的凤冠、耳环、项链等配饰图案，恰恰反映着古代于阗盛产玉石的物产背景。同时，石窟壁画和彩塑人物所着服饰上丰富多彩的图案，无疑与当时的社会风尚和染织工艺有着密切关系❷。这时装饰图案本身所凝练的不仅仅是功能性的作用，而是隐喻着更加多元和丰富的东西方文化交融发展的密迹。

2. 敦煌图案的装饰特征

由于石窟艺术在时间上跨越千年的延续性，敦煌装饰图案还反映出各个时代的艺术风格和审美观念的演进。它在本民族文化艺术的根基上，随着历代石窟艺术的变化发展，不断吸纳融合多元文化的影响，逐渐形成了东西汇流、兼容并蓄的精神内核。敦煌图案能够在代表民族精神与国家形象的人民大会堂建筑装饰设计中得到广泛且适宜的应用，究其原因，是因为敦煌图案是一种汇融中外、贯通古今的装饰语言，可以在改进材料、工艺、技术等物质条件的情况下，为满足当今建筑装饰

图2　敦煌莫高窟盛唐第199窟
西壁南侧观世音菩萨

❶ 敦煌研究院.琉光溢彩：平山郁夫丝绸之路美术馆藏古玻璃器珍品 [M].广州：岭南美术出版社，2021：10.
❷ 杨建军.隋唐染织工艺在敦煌服饰图案中的体现 [J].服饰导刊，2012(2)：4-10.

设计的功能、审美、文化等不同层面需求而进行转化应用。

首先，在功能方面，敦煌图案本身有源自建筑结构的传统，由功能转化来的形式语言在遇到适配的空间后，可以再次转化为装饰设计语言重新呈现。敦煌藻井图案、平棋图案、人字披图案等，都是依据石窟形制于特定部位绘制的各类图案，作为石窟艺术的重要组成部分，一方面受限于窟形建筑而形成独特装饰形态，另一方面有机连接本生故事、经变等表现的内容，有效烘托宗教气氛。此外，源于建筑门楣和佛龛的龛楣图案，以及源于表现佛、菩萨佛光的背光图案，也都体现出其装饰上的功能化特征。

其次，在审美方面，敦煌图案在千百年洞窟营建的过程中，已被无数画师、信徒等创造者和受众的实践技艺和审美眼光千锤百炼，可以说在构图、造型、色彩各个方面都形成了鲜明成熟的艺术风格和浑然天成的时代美感。例如唐代图案善用土红色、石青色、石绿色等对比色加强视觉的感染力，以黑色、白色、金色进行线条勾勒和色调调和，特别是对装饰块面进行色彩分层和渐变表现，充分表达了富丽多姿的盛世气象。

最后，在文化方面，敦煌图案的艺术形式是抽象的寓意符号，源于多民族文化交流融合的历史背景，例如联珠纹、卷草纹、宝相花等经典纹样无不是多元文化投射在装饰图案上的结果。这是因为"从丝绸之路开始，我国本土的文化已与波斯有了互相影响，互相借鉴……应该是'中外古今，一切精华，包含并蓄，皆为我用'。"❶所以，敦煌图案既有民族的脉络，又是世界共通的语言。

三、敦煌图案在人民大会堂建筑装饰中的设计案例

自1958年起，人民大会堂经历了兴建及多次改建或维修工程。据常沙娜教授回忆，国家形象的样式化和装饰艺术的民族化一直是极其重要的论题，而敦煌图案与人民大会堂的功能要求和整体风格具有广泛适应性，将其进行创新性转化设计，能够充分展现新中国深沉厚重而富有活力的大国形象。当时国家领导："要借鉴民族传统，要探索新中国建筑艺术的新形式和新内容，古为今用，洋为中用。"❷在此方针指导下，时任大会堂建筑装饰设计负责人的奚小彭老师提出："建筑装饰不是建筑物本身之外什么附加的东西，而是构成建筑整体不可缺少的有机部分。"❸

常沙娜教授按照这一指导性意见，在空间组合和造型手段达到精确运用的前提下，汲取和学习各民族装饰艺术之长，力求创造出一种全新的、能够满足客观要求的民族形式。她在人民大会堂建设之初及历次改建、维修中，始终致力于创造性地探索基于敦煌图案创新转化的建筑装饰设计的新形式、新内容。

1. 敦煌藻井图案在宴会厅和南门过厅天顶中的设计应用

宴会厅也被称为"国宴厅"，整体呈"十"字形平面，中央最高处为15.15米，面积达7000平方米，能同时容纳5000人入宴。如此宽阔的空间中，三面是窗，一面是主

❶ 张镈. 人民大会堂修建始末 [J].AC 建筑创作：人民大会堂专辑,2014(180,181) :159.

❷ 常沙娜. 黄沙与蓝天：常沙娜人生回忆 [M]. 北京：清华大学出版社,2013:163.

❸ 奚小彭. 人民大会堂建筑装饰创作实践 [J].AC 建筑创作：人民大会堂专辑,2014(180,181) :373.

席台，均不能加以建筑处理，因此装饰重点就落在了天顶、廊柱和壁柱上❶。常沙娜教授回忆国家领导对宴会厅装饰设计提出的指导思想是"……形式上应该是富丽而堂皇，要着眼于体现中华民族唐代艺术传统，气魄大方华丽而不奢侈，要避免故宫那种烦琐堆积的效果。"❷因此，常沙娜教授认真研究敦煌唐代图案，其天顶灯饰设计受到敦煌盛唐第31窟藻井图案饱满风格的启示（图3），采用中国传统图案中常见的米字格结构，给人以向心、稳定、规则的心理感受。装饰母题提取了唐代流行的宝相花，以其正面形和侧面形相结合，轮廓造型吸纳了向日葵花瓣的特点，使用渐进的手法进行层叠，并融合了通风和照明的功能需求以及不同材质的特点，创造出了富有传统意味和民族风格的建筑装饰（图4）。

这种从敦煌藻井图案到现代建筑装饰结构的转化和融合过程，经历了许多曲折。据常沙娜教授回忆，当时曾多次受到北京市建筑设计研究院总院建筑师张镈先生的指导。在开始设计之初，侧重在花型的装饰性上下功夫，没有作任何功能的考虑，张镈先生看了马上提醒说："沙娜，这样只设计花瓣不行，你得把通风口及照明灯组合在里面；中心也不能只搞你那个花蕊，要把中心与灯光组合起来……通风还不够，在外圈也得设通风口。"❸随后，常沙娜老师按照这一要求进行整体修改，把通风口、照明的要求与装饰效果结合起来。问题解决后，发现外圈的灯口连接不上，张镈先生又建议将外圈的小花和照明灯组合在一起，将内圈灯光向外牵引并连接起来。当时，常沙娜教授马上联想到这种装饰的手法与敦煌隋代联珠纹类似，随即把外圈小花也设计成串联的一圈小圆灯，像项链似的优美而明亮，达到了整体装饰效果与功能需求的完美统一。

2002年，人民大会堂南门过厅进行改造和装修，天顶需要重新设计施工。常沙娜教授受到敦煌早期"交木为井"式藻井图案的启发，最终确定的设计方案采用八角方木三层叠套结构，因最外层和最内层的抹角处理，使得原本的四角套叠自然演变为八

图3 ┃ 图4

图3 敦煌莫高窟盛唐第31窟藻井图案（张定南整理绘制）

图4 人民大会堂宴会厅天顶灯饰

❶ 佚名.人民代表大会堂建筑设计总结[J].AC建筑创作：人民大会堂专辑，2014(180,181)：336-348.
❷ 高璐，崔岩.常沙娜文集[M].济南：山东美术出版社，2011：191,192.
❸ 常沙娜.黄沙与蓝天：常沙娜人生回忆[M].北京：清华大学出版社，2013：164.

角套叠骨架，形成中央的八角形天顶平面和四周的三角形与梯形夹角。为与大会堂既有的装饰风格保持一致，并符合南门过厅的功能需求，天顶采用平面化的沥粉彩画工艺完成（图5）。天顶中心为一朵放射状八瓣宝相花，花心部位悬垂吊灯，同样将照明与装饰图案紧密结合，四周将宝相花花瓣的独立单元单独使用或者四个一组形成四瓣宝相花，与翻卷缠绕的卷草纹结合为适合图案，在灯光的映衬下显得华美而沉稳。

2. 敦煌平棋图案在接待厅天顶和木雕花门中的设计应用

人民大会堂一楼设有国家接待厅，是国家领导人接待贵宾之处，面积约为550平方米。2002年重新装修时，常沙娜教授采用了以均衡连续为装饰特点的敦煌平棋图案进行设计（图6）。

顾名思义，平棋是类似方形棋格的四方连续图案，源自中国古代传统木构建筑的棚顶结构。在敦煌早期洞窟中，常常以四方叠涩藻井相连的形式出现于窟顶，后来也装饰于唐代及后期覆斗顶窟西壁佛龛的顶部。虽然装饰手法和色彩配置因时代而不同，但是平棋图案一直保持着模仿枋子纵横排列相交的方格式结构，以及在方格内填充基本相同纹样的内容特征。新接待厅的天顶设计为九宫格构架，棋格交叉处有模仿木构建筑金属包镶构件的十字花纹，方格中填饰四出如意卷瓣团花纹。整体采用沥粉贴金的工艺，间以深浅石绿色变化，并采用柔和的暗灯照明（图7）。这不仅在纹样和色彩上保持了大会堂统一的艺术风格，而且在色调和格局上着重表现出简易明快的新意。

为了与天顶设计呼应，接待厅的雕花门板上也增加了与平棋相似的装饰图案（图8）。门板设计依然突出棋格式骨架，三组门扇连缀后自然形成了方正规矩的棋盘格局。每个正方形格子中填饰团花纹与卷草纹结合的米字格适合纹样，不仅在规整中透露出丰富的细节变化，而且加以镂空的木雕工艺，拓展了门体的通透效果，阐释了装饰图案

图5	图6
图7	图8

图5　人民大会堂南门过厅天顶

图6　敦煌莫高窟中唐第159窟 - 平棋图案（高阳整理绘制）

图7　人民大会堂接待厅天顶

图8　人民大会堂接待厅雕花木门

与建筑功能的紧密关系。

3. 背光图案在接待厅东侧休息厅天顶设计中的应用

人民大会堂接待厅东侧设置一间半圆形休息厅，是举行接待仪式前后用于暂时休息的过渡空间。2006年重新装修时，常沙娜教授结合建筑结构、照明、通风诸方面的需求，参考敦煌盛唐第444窟的背光图案对天顶进行了设计（图9）。

背光是指敦煌壁画中绘于佛、菩萨、弟子等神性人物头背之后的装饰图案，其中头光以圆形为主，身光有椭圆和舟形等不同轮廓造型。为了表现光明之意，早期背光图案通常以火焰纹为主体，至唐代时发展到融合宝相花、卷草纹、石榴、葡萄等多种植物组合的丰富样式。接待厅东侧休息厅的天顶平面恰好为半圆形，适合在敦煌盛唐圆形头光图案的基础上进行变化创作。天顶平面以同心半圆进行分割，外层以照明和通风为主，内层为结合照明功能的彩绘装饰带（图10）。中心装饰带采取切分打散的手法，从中点延伸放射形成六面狭长的扇形单元，每个单元格中从底部延伸生长出一组对称式卷草纹，以线条为主的纹饰中融合了如意形花头、石榴等元素，特别是在沥粉贴金工艺的基础上，在层叠的花头部分突出了色彩的退晕表现，呈现出建筑彩绘的民族性与现代融合的丰富效果。

图9 | 图10

图9 敦煌莫高窟盛唐第444窟－背光图案（刘珂艳整理绘制）

图10 人民大会堂接待厅休息厅天顶

4. 人字披图案在北大厅墙面浮雕设计中的应用

2008年，为满足室内举行国宾欢迎、新闻发布等大型仪式的需要，人民大会堂对北大厅进行重修装修，其中有四块墙面需要重新规划进行建筑装饰设计。总体设计上要求四面墙体装饰为本白色大理石浮雕，不做彩绘处理；装饰图案的题材应易于产生理解和共鸣，符合世界性和民族性审美需求。最终实施的方案确定为"春、夏、秋、冬"题材，而在装饰内容和手法上借鉴了敦煌莫高窟西魏时期人字披图案的表达方式。

人字披图案是敦煌中心塔柱窟窟顶前部人字披面上的装饰，其所在的人字披形窟顶是仿木构建筑的式样，但是在椽子之间矩形平面上绘制的图案无疑是在汉晋绘画风格基础上融合了印度装饰艺术的影响而产生的，表达了对动植物旺盛生命力的赞美。人民大会堂北大厅的墙面装饰设计参考西魏第288窟人字披图案的均衡式构图（图11），以春天和牡丹、夏天和荷花、秋天和菊花、冬天和梅花等四季花卉为主题进行设计。四组图案设计的构图可分为两个层次，其中主干花卉采用对称构图，穿插其中的

图11　敦煌莫高窟西魏第288窟－
　　　人字披图案（杨建军整理
　　　绘制）

孔雀等瑞鸟也基本上是成对出现或上下相望，保持了画面的稳重端庄之感；同时，在
花瓣、叶子、禽鸟羽翼等细节上追求丰富的造型变化，使得整体浮雕在统一的装饰基
调上富有自然意趣，以达到远观效果、近看细节的目的（图12、图13）。这组设计与
前三个案例的不同之处，在于建筑设计的功能表达从显性的照明、通风等要求转向隐
形，即在国家殿堂中进行主题式图案表现，必须符合和服从装饰审美和环境烘托的作
用。从后期实际使用效果来看，这组墙体浮雕设计重点突出、造型优美、呈现含蓄，
恰当融入周围环境空间，是传播中华优秀传统文化、发扬敦煌装饰图案艺术的有益
探索。

图12　人民大会堂北大厅墙面
　　　浮雕装饰水彩稿（常沙
　　　娜绘制）

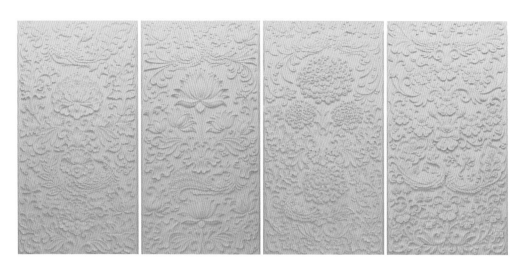

图13 人民大会堂北大厅墙面
浮雕装饰

四、总结

敦煌图案在石窟中具有重要的地位,其传承了"不壮不丽,不足以一民而重威灵;不饰不美,不足以训后而永厥成"❶的中国古代宫殿的装饰宗旨和基调,其表现手法和实用功能体现了中华民族悠久的文化底蕴和非凡的艺术创造力。

常沙娜教授将敦煌图案在人民大会堂建筑装饰设计中的创新转化和实际应用,充分体现了设计方法和理念的功能性、民族性和时代性特征。第一,突出表现了敦煌图案的情景式运用,特别是将装饰审美与建筑空间的材料和功能结合在一起,使图案的设计语言与建筑空间有机交融、综合考量的结构性和功能性应用。第二,在设计中融入装饰图案的生命化和灵动化表达,深刻传达出中国传统图案以线塑形、随形赋色的民族化精神,表现了中国传统图案最具生命张力和艺术魅力的特点。第三,有力塑造了包容共融、多元一体的国家形象,为探索适应新时代文化艺术和美好生活的需要,创造出具有民族的、科学的、大众的装饰艺术新风格做出富有示范意义的实践探索,有助于当代设计师在面临传统艺术与时尚设计碰撞时进行重新审视与深入思考。

基金项目:
北京市社会科学基金青年项目"敦煌隋代服饰图案研究"(项目编号:21YTC038)。

参考文献:
[1]敦煌研究院.敦煌石窟全集·图案卷[M].香港:商务印书馆,2003.
[2]敦煌研究院.敦煌艺术大辞典[M].上海:上海辞书出版社,2019.
[3]常沙娜.中国敦煌历代装饰图案[M].北京:清华大学出版社,2009.
[4]吴为山.花开敦煌:20世纪中国艺术名家常沙娜[M].北京:文化艺术出版社,2017.

图片来源:
图1:数字敦煌网站。

---

❶ 赵逵夫.历代赋评注(魏晋卷)[M].成都:巴蜀书社,2021:97.

图2：敦煌研究院主编，《敦煌石窟全集·科学技术画卷》，香港：商务印书馆，2001年，第125页图117。

图3：常沙娜编著，《中国敦煌历代装饰图案》，北京：清华大学出版社，2009年，第76页图27。

图4、图5、图7、图8、图10、图12、图13：常沙娜教授提供。

图6：常沙娜编著，《中国敦煌历代装饰图案》，北京：清华大学出版社，2009年，第91页图38。

图9：常沙娜编著，《中国敦煌历代装饰图案》，北京：清华大学出版社，2009年，第198页图132。

图11：常沙娜编著，《中国敦煌历代装饰图案》，北京：清华大学出版社，2009年，第98页图45。

下编

柴剑虹 / Chai Jianhong

浙江杭州人，1966 年毕业于北京师范大学中文系，1968～1978 年在新疆维吾尔自治区乌鲁木齐任教，1981 年由导师启功先生推荐到中华书局做编辑工作。曾任《文史知识》杂志副主编、汉学编辑室主任、中国敦煌吐鲁番学会副会长兼秘书长，浙江大学、中国人民大学等高校兼职教授，敦煌研究院、吐鲁番研究院兼职研究员。现为中华书局编审、中国敦煌吐鲁番学会顾问，敦煌学国际联络委员会干事。曾在北京大学、浙江大学、北京师范大学、香港城市大学、台北中国文化大学、德国特里尔大学等数十所高校和中国国家图书馆、敦煌研究院等机构做学术演讲，多次应邀赴法、德、俄、英、日等国家进行学术交流。出版《西域文史论稿》《敦煌吐鲁番学论稿》《敦煌学与敦煌文化》《我的老师启功先生》《丝绸之路与敦煌学》等专著，担任《敦煌吐鲁番研究》《敦煌研究》《敦煌学辑刊》《法国汉学》《汉学研究》等期刊编委。自 1993 年 10 月起享受国务院颁发的政府特殊津贴。

敦煌服饰艺术的博物馆

柴剑虹

尊敬的各位嘉宾、专家学者，朋友们：

上午好！

首先要衷心感谢北京服装学院、敦煌研究院邀请我观瞻如此美轮美奂的服饰文化暨创新设计展！感谢为精心策展、布展付出心血与辛劳的可敬团队！

从9年前北京服装学院与敦煌研究院联合举办"垂衣裳——敦煌服饰文化展"，到2018年6月敦煌服饰文化研究暨创新设计中心的建立，2018年丝绸之路(敦煌)国际文化博览会"绝色敦煌之夜"的展演，四届相关论坛与多次学术讲座的相继成功举办，到去年10月的敦煌服饰艺术展以及《丝路之光：敦煌服饰文化论文集》与《敦煌服饰文化图典·初唐卷》出版，再到今天的展会及第五届论坛与《敦煌服饰文化图典·盛唐卷》的即将问世，敦煌服饰文化研究暨创新设计中心团队的相关研究，在刘元风教授的带领下，与敦煌研究院研究人员通力合作，进展既扎实又迅速，成果新颖而丰硕，令学术界和服饰业瞩目！

敦煌作为丝绸之路的"咽喉之地"，自我国汉代以来就是多民族文化汇聚交融之处。陆续营建于公元4~14世纪的敦煌莫高窟现存的45000多平方米壁画、2400多身彩塑，饱含并展示着不同时代、不同民族丰富的历史文化信息，成为当今诸多学科研究的资料宝库。敦煌壁画虽然以反映佛教信仰文化为主，在表现佛国世界及其他神话故事、民间传说的同时，也描绘了大量的世俗社会的生活场景。画面中不同时期、不同民族、不同身份的人物画像，他们的着装及相关装饰等各个方面，就是认识和研究古代服饰文化珍贵的历史资料。仅就唐代而言，现存的270余个洞窟中展现出来的服饰如同一座博物馆，从帝王贵胄到平民百姓，从汉族人民到其他各少数民族人物，如官员、侍从、商贾、僧人、农民、工匠等，展示着不同人物的服饰特色，真实地再现了在大唐盛世多元文化交流大背景下的衣锦繁华。石窟中这些数量众多、内容浩繁的艺术形象，虽历经时光的侵袭和风沙的侵蚀，仍可看出古代服饰的诸多样式、纹饰，甚至使用面料的质感，堪称丰富而完整的服饰艺术体系，让今人叹为观止。

这次敦煌盛唐服饰文化暨创新设计展，通过全面调查敦煌石窟，提取敦煌壁画盛唐时期代表性的人物服饰以及相关图案的典型作品，通过整理、绘制、复原研究，不仅为学界研究提供了系统的研究资料，为当代服装设计提供了有价值的图像依据，也为广大敦煌艺术和服饰文化爱好者提供了了解和欣赏敦煌服饰艺术的代表作品。特别

柴剑虹致辞（王嘉奇摄）

让我们眼前一亮的，是本次展览在选取敦煌壁画中代表性服饰图片的基础上，通过临摹、绘制与潜心研究，进行创新性设计和复制，凸显了盛唐服饰文化的多元特色和异彩风格。通过今天这样的可视化实物展示形式，将敦煌服饰文化向当代社会宣传推广，不仅拓宽了敦煌学研究的视野，也可以使相关行业人员从中找寻到可以进行开发利用、传承创新，为当代民生造福的资料；当然也可以使普通读者更好地了解和欣赏敦煌服饰艺术，大有益于推进我国新时期多民族风格服饰艺术，推动在服装设计领域树立与时代同步的中国品牌（前不久北京冬奥会上的服装及首钢"雪飞天"滑雪大跳台即是生动的实例）。

这次离京前，我特意打电话问候常沙娜先生并征询她的意见，她让我一定转达对大家的问候！她特别强调敦煌服饰文化的创新设计要进一步深入细致地研究敦煌图案，要遵循雷圭元老前辈提出的图案设计基本构成法则，要符合现代社会人们生活的需求，要展现我国各民族文化的多元色彩。

各位嘉宾，朋友们，我相信展览的举办方一定也希望我们在看展中不但心智受到启迪、大饱眼福，进而也能提出宝贵的建议。谢谢大家！

（注：本文根据作者在 2022 年 7 月 22 日"云衣霓裳：敦煌唐代服饰文化暨创新设计展"开幕式上的致辞整理而成，题目为编者所加）

赵声良 / Zhao Shengliang

美术史学博士，敦煌研究院研究员、党委书记、敦煌研究院学术委员会主任委员，北京大学敦煌学研究中心合作主任，西北大学、西北师范大学、兰州大学、澳门科技大学博士生导师。

主要研究中国美术史、佛教美术。发表论文百余篇，出版学术著作二十余部，主要有《敦煌壁画风景研究》《飞天艺术——从印度到中国》《敦煌石窟美术史（十六国北朝）》《敦煌石窟艺术简史》等。

丝路之光·云衣霓裳

赵声良

尊敬的柴剑虹先生、葛承雍教授、朱玉麒教授、黄征教授，尊敬的北京服装学院领导和老师们，各位专家，各位同学们：

大家上午好！

首先，我谨代表敦煌研究院热烈欢迎大家的到来！感谢各位百忙之中远道而来，专程出席今天隆重举行的"云衣霓裳：敦煌唐代服饰文化暨创新设计展"开幕式。

博大精深的敦煌文化当中包含着4~14世纪的中国服饰发展变迁的历史脉络，是中国服饰文化的重要资料。前辈学者常书鸿先生、段文杰先生曾经从染织图案、服饰历史、壁画临摹等角度对敦煌服饰文化给予高度重视和相应的研究。原中央工艺美术学院院长常沙娜先生也曾带领团队对敦煌服饰图案进行了专题研究。这些学术成果至今仍然滋养着众多的艺术家、设计师和工艺美术师。

2018年以来，敦煌研究院与北京服装学院借助敦煌服饰文化研究暨创新设计中心这个学术平台通力合作，一方面在前辈学者研究的基础上，继续深入挖掘敦煌文化中

赵声良致辞（王嘉奇摄）

包含的服饰文化的丰富内涵。另一方面，依据新时代背景下现代审美理念的需求，将古老的敦煌服饰文化进行创新转化，设计出体现时代审美精神的服饰作品，以满足人们对美好生活的向往。近年来，敦煌服饰文化研究暨创新设计中心先后获得国家艺术基金、国家社科基金等方面的项目资助，出版了《敦煌服饰文化图典·初唐卷》，并推出了"绝色敦煌之夜"作为敦煌国际文化博览会的重要展演，赢得了社会的广泛关注。本次展览就是近年来对敦煌服饰研究和创新的重要成果之一。

习近平总书记指出，要加强文物保护利用和文化遗产保护传承，提高文物研究阐释和展示传播水平，让文物真正活起来，成为加强社会主义精神文明建设的深厚滋养，成为扩大中华文化国际影响力的重要名片。

希望通过今天的展览，能够更好地传承和弘扬敦煌文化，揭示敦煌服饰文化的真实价值和魅力，把服饰文化研究引向深入。同时，通过创新设计为现代社会服务，让古老的敦煌文化焕发生机。敦煌研究院将继续与北京服装学院加强合作，进一步推动学术交流、人才培养、展览宣传等方面的工作。

再次感谢今天各位到场的嘉宾和朋友们，感谢各位对敦煌服饰文化和创新设计的关注和支持，预祝本次展览和论坛圆满成功！

谢谢大家！

（注：本文根据作者在2022年7月22日"云衣霓裳：敦煌唐代服饰文化暨创新设计展"开幕式上的致辞整理而成，题目为编者所加）

周志军 / Zhou Zhijun

女，1971年4月生，汉族，山西省运城市夏县人，1992年12月入党，1996年7月参加工作，工学博士，副教授。现任北京服装学院党委书记。

薪火相传的敦煌文化艺术研究

周志军

尊敬的赵声良书记，柴剑虹先生，各位专家、老师和同学们：

大家上午好！

大美敦煌，云衣霓裳。"敦煌"二字，代表盛大辉煌。明天是二十四节气的大暑，我们在这样一个热烈灿烂的时节，在这样一个盛大辉煌的地方，举办敦煌服饰文化与创新设计展，具有重要意义。我谨代表北京服装学院对出席本次开幕式的各位领导、专家以及社会各界朋友们表示热烈的欢迎和诚挚的感谢！

敦煌是我向往已久的地方。念念不忘，必有回响。凡心所向，素履以往。十多年前我曾来过敦煌，但昨天来到的时候，我发现敦煌当地现代化、国际化的建筑给我带来了完全不一样的感受。尤其是，我来到北京服装学院工作以后，敦煌文化就在我们北京服装学院的师生们心中扎下了根。这次来既是应赵声良书记去年十月份在北京服装学院论坛上的邀约而来，更主要的也是为敦煌研究院和北京服装学院的合作开启新阶段的关键时刻而来。这两天天气特别好，让我们感受到一种吉祥、幸运、美好的氛围，这也预示着在各界专家们、学者们、老师们、同学们、朋友们的支持下，我们的合作一定会做得更好。

2018年6月6日，北京服装学院联合敦煌研究院、英国王储基金会传统艺术学院、敦煌文化弘扬基金会，共同成立了"敦煌服饰文化研究暨创新设计中心"。在刘元风教授的带领下，在中心团队的辛勤努力下，取得了各项成果。中心先后出版了《敦煌服饰文化图典·初唐卷》等10余部著作；举办了四届敦煌服饰文化论坛；成功申报并承担国家艺术基金、国家社科基金艺术学项目等国家级课题；承办丝绸之路（敦煌）国际文博会"绝色敦煌之夜"等艺术展演；举办了数十次线下和线上的学术讲座……可以说成果斐然，硕果累累。

刚才柴剑虹老师提到了北京2022年冬奥会和冬残奥会，借这个机会，我也想跟大家汇报一下。这次北京冬奥会和冬残奥会，北京服装学院参与设计的服装在其中有非常精彩的呈现。当武大靖、任子威、高亭宇等运动员冲过终点线获得金牌的时候，他们的服装背后有非常强大的科技支撑。当颁奖礼和开幕式的服装，包括运动员的制服、官员的制服，包括刚才提到的首钢大跳台，还有九个运动场馆的视觉景观设计呈现在世界面前的时候，我们深深地感觉到大家不仅是对科技支撑能力的一种感叹，更多的是对于中华传统文化底蕴的一种显性表达的尊重。北京服装学院很多老师，如贺阳老

周志军致辞（王嘉奇摄）

师、楚艳老师，尤珈老师，包括在背后做出很多默默支持的老师们，他们提到传统文化底蕴呈现出来的中国精神的当代意义和世界价值的时候，都充满了文化自信，所以这可能也是敦煌服饰研究暨创新设计中心带给北京服装学院更深层次的一种文化支撑。我们也期待在敦煌研究院和各界专家更多的支持下，我们能够把博大精深的敦煌文化更好地呈现在服饰艺术中，也赋予更多的创新设计，把现代人对美好生活的向往予以实践。

习近平总书记在2019年视察敦煌研究院时指出了研究和弘扬敦煌文化的重要意义；今年5月，习近平总书记就深化中华文明探源工程进行第三十九次中央政治局集体学习时强调，对中华传统文化，要坚持古为今用、推陈出新，继承和弘扬其中的优秀成分。要让更多文物和文化遗产活起来，营造传承中华文明的浓厚社会氛围。要传承承载更多的中华文化、中国价值的精神符号和文化产品。在今天的展览和论坛中，我相信各位专家们、学者们、同学们、老师们、朋友们都会更加地以实际行动体现我们对中华优秀传统文化的传承和创新发展。

来到敦煌，我们能亲身感受到丝绸之路是沟通中西方经济、文化交流的重要纽带和桥梁。我也对敦煌研究院的前瞻布局特别有感触。对于数字化、对于先进的科技在传统文化活化的应用都值得我们深入地学习和研究，我也更理解了"一带一路"倡议中敦煌重要的位置。通过北京服装学院刘元风教授和中心团队师生们的努力，透过这些展览的画稿、画册和艺术再现的精美服饰，我们既可以感受到大美敦煌的魅力，感受到老中青三代学者对于敦煌艺术研究和创新的热情、严谨、孜孜以求，也可以感受到敦煌艺术和文化研究薪火相传、绵延相续的活力和生命力。

我们也再次感受到，北京服装学院和敦煌研究院需要继续紧密合作，进一步加强敦煌服饰文化的研究与设计创新工作，深入挖掘蕴藏在敦煌石窟中的艺术价值和人文精神，大力推动敦煌文化的学术交流和社会传播，打造敦煌服饰文化研究与创新的学术高地。赵声良书记告诉我，这是值得花力气的一件事情，北京服装学院将会给予更多的支持，使我们的合作能够深入发展。

再次对各位嘉宾的到来表示热烈的欢迎，对支持敦煌服饰文化研究的社会各界人士和机构表示由衷的感谢！

预祝本次敦煌服饰文化展览、论坛圆满成功！

谢谢！

（注：本文根据作者在2022年7月22日"云衣霓裳：敦煌唐代服饰文化暨创新设计展"开幕式上的致辞整理而成，题目为编者所加）

刘元风 / Liu Yuanfeng

北京服装学院教授，毕业于原中央工艺美术学院（现清华大学美术学院）。发表学术论文70余篇，出版著作（教材）9部，主持国家社会科学基金艺术学重点项目、国家艺术基金人才培养项目等10余项国家级和省部级科研项目。主编教材《服装艺术设计》2009年被教育部推荐为国家精品教材。2010年，获"国家级教学团队奖"。2014年，教学成果"服装创新教育——基于'艺工融合'的人才培养模式改革"荣获"国家级教学成果二等奖"。2012年，主持申报并获批服务国家特殊需求博士人才培养项目"中国传统服饰抢救传承与设计创新"。主持完成2008年北京奥运会残奥会系列服装设计、中华人民共和国成立60周年和70周年群众游行方队及志愿者服装设计、2014年亚太经合组织（APEC）会议国家领导人服装设计等多项国家重大服装研发设计项目。

敦煌服饰文化研究与创新设计

刘元风

今天我们相聚在敦煌，隆重举行"云衣霓裳：敦煌唐代服饰文化暨创新设计展"开幕式，同时举办第五届敦煌服饰文化论坛，听取多位专家们的学术高见，使我们深刻地感受到敦煌文化的博大精深，以及敦煌服饰艺术的无穷魅力，同时深刻认识到敦煌服饰文化研究和创新设计

刘元风作总结发言（王嘉奇摄）

的工作迫切而艰巨。敦煌服饰文化研究暨创新设计中心自2018年成立以来，得到了各位专家学者和领导的大力支持。中心团队成员在敦煌服饰文化研究和创新设计两个方面持续深耕。

这几年来，中心团队承担国家社科基金艺术学重大项目子课题及一般项目、国家艺术基金等重要课题，陆续出版编著、专著、译著等著作十余部。展望未来，需要我们做的事情还非常繁重。首要的任务便是需要继续完善出版《敦煌服饰文化图典》系列丛书（共八卷）。目前丛书已经出版了一本《初唐卷》。《初唐卷》的出版，受到了服装领域的广大学者和社会大众的普遍关注和认可。随着研究工作的不断深入，我们对敦煌文化及艺术不断有新认识、新层次的理解和把握。特别是通过这五届敦煌服饰文化论坛，使我们从理论的高度和实践的角度，对敦煌服饰文化有更加深刻的认识。

正如2019年习近平总书记在敦煌研究院调研时所说的："研究和弘扬敦煌文化，既要深入挖掘敦煌文化和历史遗存蕴含的哲学思想、人文精神、价值理念、道德规范等，更要揭示蕴含其中的中华民族的文化精神、文化胸怀。"保护好和传承好敦煌文化这一道民族的根脉，推动文物活化利用，不断坚定文化自信，是我们这一辈学者和设计师义不容辞的责任和担当。

本着植根传统，立足当代、面向未来的准则。我们逐步构建起了敦煌服饰文化研究和创新的一种体系，也就是从文献研究、图像研究、复原再现研究，再到创新设计研

究。做到既尊重历史遗产的本源性，又关照可视化、数字化和传播性，以及对敦煌服饰文化进行当代转化和时尚表达，使敦煌服饰文化作为一种信息的载体，跨越时间与空间，超越地域与民族的界限，让社会大众能够感受到敦煌艺术的美感和温度，为人民美好生活的建设起到重要的助推作用，将敦煌服饰文化发扬光大。

为此，我们还需要更加努力，坚持不懈，持之以恒。让我们在遵循敦煌服饰真、善、美的道路上奋力前行。

谢谢大家！

（注：本文根据作者在 2022 年 7 月 22 日第五届敦煌服饰文化论坛上的发言整理而成，题目为编者所加）